纺织服装高等教育"十三五"部委级规划教材
服装设计与工程国家级特色专业建设教材

编著◎穆慧玲

服装流行趋势

FASHION
TRENDS

第二版

东华大学出版社
·上海·

图书在版编目（CIP）数据

服装流行趋势 / 穆慧玲编著 . —2版 . —上海：东华大学
出版社，2019.8
　ISBN 978-7-5669-1623-5

　I . ①服… Ⅱ . ① 穆… Ⅲ . ① 服装 – 流行 – 趋势 – 研究

Ⅳ . ① TS941.12

中国版本图书馆CIP数据核字（2019）第160100号

责任编辑　李伟伟
封面设计　戚亮轩

服装流行趋势（第二版）
FUZHUANG LIUXING QUSHI

编　　著：穆慧玲

出　　版：东华大学出版社
（上海市延安西路1882号　邮政编码：200051）
出版社网址：dhupress.dhu.edu.cn
天猫旗舰店：http: // dhdx. tmall. com
营销中心：020-62193056　62373056　62379558
印　　刷：苏州望电印刷有限公司
开　　本：787mm×1092mm　1/16
印　　张：7
字　　数：246千字
版　　次：2019年8月第2版
印　　次：2019年8月第1次印刷
书　　号：ISBN 978-7-5669-1623-5
定　　价：42.00元

前言

　　服饰是社会发展的"晴雨表"，服饰的流行演变直接反映着社会的政治变革、经济变化和风尚变迁。本书对服装流行的产生与发展、服装流行的基本规律、服装流行的传播方式、服装流行的风格以及服装流行的预测等内容进行了详细的论述，并结合当代社会的发展特征，以及人民对服装流行的追逐心理论证了服装与消费的关系，提出了服装流行的相关理念。另外，为了便于读者阅读，本书借助大量精美的图片资料来辅助阐述，力求文字简明扼要，图文并茂。

　　在流行风尚瞬息万变的现代社会，服装流行的话语权掌握在消费者手中，因此，服装设计师不能凭空标新立异，只有在充分研究服装流行的基础上，才能设计出迎合大众心理的服装，进而引导服装流行。本书通过对服装流行信息的收集、分析与应用，为服装设计师提供认知流行、掌握流行预测手段和应用流行资讯的理论参考，以期提升服装设计人员的综合竞争力。

　　时尚流行瞬息万变，服装流行趋势的内容每年都有较大的变化，为了使本教材的内容与时俱进，特对教材的部分内容进行了更新并出版第二版。服饰流行的讯息浩如烟海，很难在一本书中展现全貌，加之编者学识有限，书中疏漏、欠妥之处在所难免，尚祈读者指正。

编者

目录

第一章 服装流行的产生与发展

20世纪50年代,在欧美国家,随着工业化的普及,服装流行的重要地位越来越明显。商家发现,充分利用流行信息,就能有更多的盈利,于是陆续出现了国际性的衣料博览会,流行研究机构(如国际时装与纺织品流行色委员会,简称国际流行色协会,它至今仍是全球最具权威的流行色发布机构),著名服装设计师的作品也被当作流行资料来研究。总的来说,服装流行已逐渐发展为一门学问、一个行业。

第一节　服装流行的产生

流行是指某一事物在某一时期、某一地区为广大群众所接受、喜爱,并带有倾向性的一种社会现象。

服装流行是在特定的环境与背景条件下产生的、多数人钟爱某类服装的一种社会现象,它是物质文明发展的必然,是时代的象征。服装流行是一种客观存在的社会文化现象,它的出现是人类爱美、求新心理的一种外在表现形式。服装流行研究是一门实用性很强的应用科学,它研究的是流行的特点、流行的条件、流行的过程、流行的周期性规律等,是探讨人类衣文化中的精神内容,包括与其相适应的主观因素和客观条件的相互关系问题。

服装流行是从服装信息传达与交流中产生的。现代世界,物质文明高度发达,科技成果日新月异,交通工具日益发达,世界在无形中变得"越来越小",人们的距离越来越近。借助日益快速的交通与通讯工具,如飞机、高铁、网络、通讯卫星、电影、电视等,人类的联系日益密切。所以,只要先进国家有了某种新的发现,其他国家和地区紧随着也会加以效仿和研究,服装正是在国与国或地区与地区之间的思想文化相互交流的条件下形成一个国际共同的形式,这也就是国际服装流行的产生。

我国的社会正处在工业化高速发展的时期,在服装方面,人们在经济实惠、节省时间的原则之下,很愿意穿着机械化生产的成衣,于是,在服装的高速工业化大批量生产中,在人们的好奇与效仿、从众心理及信息传达等综合因素下,形成了服装的流行。

1

现代服装已不按过去的阶级地位分类，而进入了满足大众化消费需求的大批量生产时代，服装流行的话语权掌握在消费者手中，因此，服装设计师不能凭空标新立异，只有在充分研究服装流行趋势的基础上，才能设计出迎合大众心理的服装，引导服装流行。

第二节　现代服装流行的发展

英国工业革命为服装面料的发展提供了科技动力。18世纪中后期，蒸汽机的出现推动了工业革命，现代工业经济逐步取得主导地位。18世纪末期，工业革命继续向欧美大陆扩展，美国的纺织业有了新的进步，为成衣的发展和时尚的普及奠定了基础。18世纪后期中产阶级的增长使时尚范围扩大。工业革命推动了欧美的经济发展，引起了社会结构的变化，中产阶级成为社会的中坚力量，特别是第二次工业革命以后，中产阶级有更多的钱花费在奢侈品上，包括更好的衣服，其消费能力地不断增强引起新的时尚潮流，时尚成为身份的象征，第二次工业革命也促使服装的批量生产。19世纪初，工业革命开始向欧洲和欧洲的殖民地扩散，19世纪下半叶，德国和美国成为第二次工业革命的中心。电气化和化学工业成为主角，机械进入商业化实用阶段。第二次工业革命，大大加速了世界经济现代化的进程，是世界经济现代化的快速发展时期，对世界经济的直接影响开始呈现。对纺织行业最大的促进便是缝纫机的发明，它的使用促使了真正意义上的现代流行的产生。工业革命还促使了工作服以及女性分类服装的产生，从而出现了批量服装，而服装的批量生产导致每个人都可进入流行时尚的潮流。

第一阶段，由服装设计师引领流行的时代（1858—1940年）。

1858年，英国人查尔斯·弗莱德·沃斯（Charles Frederick Worth）在巴黎开设了以上流社会的贵夫人为对象的高级时装店，从此在时装界树起了一面指导流行的大旗，带动和促进了法国纺织业的发展。19世纪末到20世纪上半叶，巴黎时装界人才济济，历史进入一个由设计师创造流行的新时代，像加布里埃·香奈儿（Gabrielle Chanel）、玛德琳·维奥内（Madeleine Vionnet）等服装设计师成为引导服装流行的先驱。20世纪30年代至40年代是一个充满变动的年代，从世界性的经济崩盘到第二次世界大战结束，法西斯主义的肆虐和无情的经济大萧条使这个年代虽然表面看起来平静无事，但却预示着一场暴风雨的来临。随着第二次世界大战的到来，20世纪30年代的奢华风随之消失，取而代之的是简单实用的风格；20世纪40年代，服装款式变得保守起来，有时甚至很难分辨男女服装的差别。

第二阶段，成衣业的发展与流行的大众化（1950—1970年）。

第二次世界大战后，法国时装再次活跃起来。1947年，设计师克里斯汀·迪奥（Christian Dior）发表了"新风貌"（New Look），由此奠定了20世纪50年代以后世界时装的流行方向。这时，法国高级时装迎来了第二次鼎盛时期，巴黎高级时装店引导着世界服装发展趋势的同时，世界各地的年轻一代也对服装表现出了极大的热情。进入20世纪60年代，电影、音乐和社会的变革对年青一代开始产生影响，大众消费社会到来。受"年轻风暴"的影响，服装业发生了巨大变化，年轻人对传统文化不满、向传统习俗和传统审美提出挑战；20世纪40年代从美国开始的成衣业快速发展，服装设计开始与街头流行文化接轨，出现了一批能顺应时代要求的年轻设计师。他们为街头女性设计新服饰，而不再为特定的女性设计服装。高级时装在1968年"五月革命"后退出时尚主流舞台，成为艺术的象征，取而代之的是高级成衣的蓬勃发展。20世纪70年代，复杂的社会形势，使女性更关注现实，不再追捧以前优雅奢华的时装。牛仔裤在时尚之都巴黎被隆重推出，势不可挡，数千年来遗留在服饰中的阶级、性别、国界、年代、意识形态、文化背景等都被冲淡了，到20世纪80年代，牛仔裤演变成国际范围的日常服装。至此，服装真正进入大众化时代。

第三阶段，服装流行的多元化（1980—1990年）。

进入20世纪80年代，全球经济高速发展，无论是奢华昂贵的高级时装，还是针对大众消费者的成衣，都出现极大的需求。服装在款式、材料、品牌等方面越发多元化，成衣业得到空前发展。受环保概念的影响，服装越来越宽松；朋克文化成为一种服装风格并渗透到高级时装中。20世纪90年代，解构主义、后现代风格大行其道，服装的设计思维不仅体现在款式结构上，而且体现在制作工艺上。设计师向传统发起挑战，强调追求独创的个性服装，街头服装盛行。同时，人们开始关心生态与健康，青睐面料的环保性与舒适性。90年代末，各大顶级品牌开始形成新的格局，高级时装业开始新的繁荣。

第四阶段，服饰流行渐趋无风格化（2000至今）。

21世纪是瞬息万变的时代，快节奏、高效率的生活方式使人们更喜欢网络等能快速吸收的方式。同时，由于物质的极大丰富使人们置身于一个消费社会，所有的设计都是为了刺激消费，整个社会都在围绕着消费而运转。消费社会使服装流行变得不可能长久，消费者审美趣味的多样化很大程度上影响着甚至决定着设计。信息技术的突飞猛进使世界各种文化之间的界限逐渐淡化，款式的更新速度是以往任何时代所不能想象的。21世纪是服装风格极端多元化的年代，也可以说是风格丢失的年代，各种时装经过糅合、搭配、装饰、复制和颠倒被赋予新的含义，服装设计师都在努力强调自己设计的独一无二，同时，时尚的追随者也把服饰的"绝不雷同"表达得淋漓尽致。

第二章

服装流行的特征与基本规律

第一节　服装流行的特征

一、新异性

新异性是服装流行最显著的特征。这里的"新""异"并不是指全新的、前所未有的，而是将原有的服装进行"翻新"设计。服装流行的新异性往往表现在色彩、花纹、材料、风貌等方面，从而满足人们求新求异的心理。构成服装流行的任何一个因素变化，都会引起服装的新颖感，服装自身各组成部分之间存在着不计其数的可能性。

二、时效性

服装流行的第二特征是时效性，这是由服装流行的新异性决定的。一种新风貌出现，当被人们广泛接受而形成一定流行规模时，便失去了新异性。消费者对服装的审美也会随流行阶段的不同而有所改变，当一件服装具备流行特征时被认为是时尚的，而进入流行衰退期时，这些流行特征反而可能成为落后、过时，甚至丑陋的标志。在服装流行之中，服装总是被人们追求、赞赏和推广，然后在某一天变成一种过时的事物。这时，一部分人会舍弃，转而追寻新的流行趋势。有些服装流行是转瞬即逝的，不会再被使用；而有些服装会在流行的高峰过后，其中的某些特征被沉淀下来并加入新的流行元素，也可能被继续采用从而演变为日常服装或者经典服装。21世纪，随着经济、科技的发展，人们的生活节奏加快，服装的流行变化越来越快，新的风貌更是层出不穷，这对服装设计师、企业及商家提出了更高的要求。服装流行正进入一个快餐消费时代——快时尚时代，它的特点是货品更新快、款式淘汰快、潮流变化快。

三、普及性

普及性是现代服装流行的一个显著特征，也是服装流行的外部特征之一，表现为在特定环境中某一社会阶层或群体成员的追随。这种接受和追求是通过人们之间的相互模仿和感染形成的，接受和追求意味着社会阶层或群体的大多数成员的认可、赞同。在一种新的服装风貌流行初期，通常只有少数人去模仿或追随，当被一定数量和规模的人所接纳并普及开来的时候，就形成了流行。追随者的多少将影响到新风貌的流行规模、时间长短和普及程度。

四、周期性

服装的流行周期有两层含义：一是流行服装具有类似于一般产品的生命周期，即从投入市场开始，经历引入、成长、成熟到衰退的过程；二是服装流行具有循环交替反复出现的特征。从历史上看，全新的服装风貌很少，大多数新风貌的服装只是对已有风貌进行局部的改变，如裙子的长度、上装肩部的宽度、裤腿肥瘦等的循环变化。另外，服装色彩、外观轮廓也具有循环变化的周期性特点。

五、民族性

世代相传的民族传统和习俗不易改变，这就使不同民族的流行服装在款式、色彩、纹样等方面有所差异。比如某种和服款式在日本可能流行，在中国就不会流行；西欧流行女装的露胸形制、印度女装的露腹形制也不会在中国流行，同样各个民族在色彩上也会有某种偏爱或禁忌等。

六、地域性

服装的流行与地理位置和自然环境有关。北欧因气候寒冷，人们偏爱造型严谨、色彩深重的服式；而非洲人因气候炎热，喜欢造型开放、色彩鲜明的服式。城市的嘈杂喧闹，人们易采用淡雅柔和的自然色调；农村广阔而单调，人们则接受强烈浓重的人工色彩。

第二节　服装流行的基本规律

任何事物的发展都有它自身变化的规律，服饰流行也不例外。一种事物开始兴起时，会受到人们的热切关注、追随，继而又会司空见惯，热情递减，产生厌烦，最后被完全遗忘。法国著名时装设计大师克里斯汀·迪奥说："流行是按一种愿望展开的，当你对它厌倦时就会去改变它。厌倦会使你很快抛弃先前曾十分喜爱的东西。"这种由于心理状态而发生、发展、淡忘的过程就是流行的基本规律,也可称之为一个周期。

服饰流行具有明显的时间性。服饰流行是随着时间的流动而变化的,过了时的服装就不是时髦的服装,但过了时的服装并不是不美,只是因为看多了,看久了,失去了新鲜感,才不再流行下去。一种流行过去,另一种新的流行会兴起,年复一年,周而复始。

服饰流行还具有明显的空间性。同一款式风格的服装不会在同一时刻流行于世界的各个角落,通常,服装的流行总是从生产力较发达、文化水平较高、社会较开放的地区向生产力较低、社会风气较保守的地区流动;总是从穿着讲究的年轻人、影视明星、社会名流向一般大众传播。同时,由于气候条件、经济收入、文化素养、生活方式等差异,即使上述条件相同,不同地区、不同阶层的人所能接受的服装也会有所不同。于是,在这部分地区或这部分人群中流行的式样,到另一部分地区或另一部分人群中流行时可能会有所改变。这种在某一时期,不同地区、不同人群中流行的不同服装使服饰流行呈现出空间性特征。

服饰流行还呈现螺旋式周期性变化的规律。每一种服装的流行都要经过兴起、普及、盛行、衰退和消亡五个阶段。旧的流行过去,新的流行又会诞生。在无数流行的交替过程中,由于人体对服装的限制,服装款式的创新只能在一定范围内进行,于是裙子从长到短,又会从短到长;上衣从宽松到紧身,又会从紧身到宽松。色彩也是这样,红色调流行过后也许会流行蓝色调,蓝色调流行过后也许会流行黄色调,在不断的交替中也可能会出现重复。材料亦是如此,华丽、精致的面料看多了,会觉得朴实、粗犷的面料更亲切;朴实、粗犷的面料看多了,又会喜欢华丽、精致的面料。款式、色彩、材料的循环反复,使服装的流行永远呈现在螺旋式周期性变化之中。服饰流行虽然具有螺旋式周期性变化的特征,但流行周期的长短、具体模式的表现却不是固定的。社会政治、经济、科技、艺术流派,甚至偶发事件等许多因素都可能导致流行周期的更改和具体模式的变化。国际上许多著名的服装设计师,总是在新的流行到来之前就开始研究它的发展规律和可能表现的外在形式,正确地指导并组织其公司新产品的设计和生产,在特定地区旧的流行衰亡之前及时转变,开始迎接新的流行。

第三章

服装流行的类型与风格

第一节　服装流行的类型

形成服装流行的因素是复杂的,在不同社会环境的影响下,可以产生不同规模的流行。服装流行的类型可以归纳为两大类:一类是按流行的形成途径划分,另一类是按流行的周期与演变结果划分。

一、按流行的形成途径划分

按流行的形成途径划分可以将其划分为以下五类,这五类流行常常相互联系,交错显现,反映着流行的多样性与丰富性。

(一)偶发性流行。通常是出于政治、经济、文化的需要,并受习俗、人物、事件的影响,以此为导火线所产生的流行模式,往往难于预测。

(二)象征性流行。通常是指人们借助流行以物化的形式表现出来的某种信念、愿望而产生的流行趋势。如反映人们健康生活愿望的运动装,最初在青年群体中流行,而后逐步扩展到各个年龄段,也反映了这种意识、愿望的扩散程度。

(三)引导性流行。通常是指为了吸引人们购买,采用某种营销手段而形成的流行趋势。这是由于推销宣传活动的影响,通过大规模的消费行动而产生的流行模式。

(四)某种穿着与日俱增走向极端而过渡到消亡的流行。例如:西欧的紧身衣式服装,从中世纪开始出现,直至19世纪末的"S"型、"T"型服装,妇女的腰身收得越来越细,严重影响了女性身体健康和活动。这种紧身衣走向极端化以后流行就终止了。

(五)由新生事物和现象而突然产生的流行。例如:国际上曾广泛流行的"太空衫""宇宙服"等,与人类进入太空、探索宇宙等事件有着密切的关系。

二、按流行的周期与演变结果划分

按流行的周期与演变结果划分,可以将服装流行的类型划分以下三大类:

（一）经典流行。指在很长一段时间内被人们接受、继承与流传的服装,这是作为传统或生活习惯而流传下来的流行现象,如旗袍、西装等。

（二）短期流行。指只在一个季节里出现之后迅速消失的流行现象。这种流行大多是由于社会上的偶发事件所引发的,流行过后几乎不残留流行的痕迹。例如:2008年北京奥运会期间出现的文化衫,从兴起到衰退不过几个月时间。

（三）重复流行。指在流行过后又重复出现或交替出现的流行现象。这种流行具有较明显的周期性,并且在服装流行上的表现最明显。但必须是基于社会环境和生活意识需要而产生的,一般流行的间隔需要一定的时间。例如:有人对女装的流行循环周期进行了研究,发现20年为一个周期。

第二节　服装流行的风格

一、古典主义风格

服装设计中的古典主义风格是指运用古典艺术的某些特征进行设计的风格。古希腊和古罗马服饰是古典主义风格服装的源头,这两种服装都严格遵守比例、匀称、平衡、和谐等形式法则,讲究整体效果,摒弃繁杂的装饰,并以悬垂性设计为主要特征(图3-1、图3-2)。19世纪初欧洲的帝政风格服饰可视作是古典主义风格的典型。帝政风格的女服结构简单,用料轻薄柔软,重视服装在穿着时形成丰富多变的悬褶,这点与古希腊服装十分相似。帝政风格的女裙采用高腰、袒领、短袖和裙摆及地的形式。服装色彩偏于素雅且少装饰,这使附属品变得重要。帝政女服所衬内衣较少,从而使整个服装造型自然,这与在前的洛可可女服或在后的浪漫主义女服使用紧身胸衣和裙撑所显示的矫饰外形迥然不同。帝政女服所表现的是一种英国式的田园风(图3-3、图3-4)。

现代流行服饰中的古典主义有狭义和广义的两种表现。狭义地说,古典主义

图3-1　古希腊服装

图3-2 古罗马服装

图3-3 帝政时代的古典女装一

服饰是继承了或在较大程度上受到上述古希腊、古罗马服饰和帝政风格影响的作品，其风格是稳定的，带有浓郁的古典雕塑风味和强烈的唯美主义倾向。广义地说，任何构思简洁单纯、效果典雅端庄、稳定合理的设计都可被称为古典主义风格（图3-5～图3-7）。古典主义风格的服饰常常受到个性稳重、作风保守人士的青睐，在一些正式隆重的场合穿着古典主义风格的服饰不失为一种保险的方法（图3-8、图3-9）。

二、浪漫主义风格

　　浪漫主义首先是一种文学创作手法和思潮，18世纪中后期至19世纪中期盛

图3-4 帝政时代的古典女装二

图3-5　现代古典主义风格服
　　　　装一

图3-6　现代古典主义风格服
　　　　装二

图3-7　现代古典主义风格服
　　　　装三

图3-8　现代古典主义
　　　　风格服装四

图3-9　现代古典主义
　　　　风格服装五

行于欧洲。它不按照现实生活本来的面貌，而是要求按照作者希望的样子来反映生活，常用热情奔放的语言、瑰丽奇特的想象、大胆而夸张的手法描写特异的人物、事件和环境。其次，浪漫主义又是一种艺术风格，是一种特性和状态，它追求个性、主观、非理性、想象和感情的宣泄，是对古典主义追求的严谨、客观、平静、朴素的一种反抗，强调热烈奔放、自然抒情的表达方式。浪漫主义是许多现代派艺术的思想理论基础和灵感源泉。

1. 浪漫主义时期的服饰特点

流行于19世纪20年代至50年代的欧洲。这一时期女装的特点是，上下两部分的分量相近，肩肘部宽大，强调细腰和丰臀，大量采用泡泡袖、灯笼袖和羊腿袖，袖子体积较大，有时还在内部放支撑架，从而使上肢部分的服装轮廓很宽大。帝政时期废除的紧身胸衣和裙撑再度流行，裙摆呈圆形，有时露出脚踝。裙撑的使用达到登峰造极的地步，导致女性行动不便，以至于有很多人在走路时经常摔倒、裙裾被壁炉点燃或被卷进车轮。领口常为一字形或是较高的花边领。这一时期的服装面料色彩明亮鲜艳，花卉和格子图案很受欢迎，有光泽的华丽绸缎被广泛使用。华丽的帽子和装饰着大量的花边、缎带和蝴蝶结的服装，整体风格女性化，强调身体走动时的美感，给人以轻盈飘逸的印象（图3-10、图3-11）。

2. 新浪漫主义服饰风格

20世纪八九十年代，紧身胸衣再次

图3-10 浪漫主义时期的女装一

图3-11 浪漫主义时期的女装二

11

图3-12　新浪漫主义服饰一
图3-13　新浪漫主义服饰二
图3-14　新浪漫主义服饰三
图3-15　新浪漫主义服饰四

出现，一些时尚女性主动采用这一古老服饰，繁琐、华丽、女性化的风貌再次流行，这轮时尚潮流被称为"新浪漫主义"。新浪漫主义运动走上时尚T台，约翰·加利亚诺（John Galliano）、詹弗兰科·费雷（Gianfranco Ferré）等时装设计师推出大量具有浪漫主义气息的时装系列，成为新浪漫主义的领军人物，并带动了全球浪漫主义服饰风潮。浪漫主义反映的是对生活的热爱，彰显的是女性感性、可爱的一面，它为塑造妩媚、优雅、华丽的风格提供源源不断的素材。新浪漫主义是对现代主义简单乏味风格的反抗，使人们从机械生产时代的严肃单调中逃离出来（图3-12～图3-15）。

三、简约主义风格

简约主义源于20世纪初期的西方现代主义。现代社会快节奏、高负荷的繁忙生活，使人们渴望简单、放松、纯净的心灵空间。简约主义以简洁的表现形式满足了当时亟欲摆脱繁琐、复杂、追求简单和自然的心理。欧洲现代主义建筑大师密斯·凡·德罗（Ludwing Mies Van der Rohe）的名言"少即是多"（Less is more）被认为是简约主义的高度概括。香奈儿的成功就是建立在这种简单的理论上，她以优雅简洁的设计独树一帜，并在服装界掀起了简化女装的改良运动。提倡"决不要一粒装饰性的钮扣"，在她设计的服装上找不出任何不必要的装饰。简约主义服装的特色是造型简化，色彩明快，注重材料的质感和裁剪的精确（图3-16～图3-20）。

图3-16　简约主义风格女装一
图3-17　简约主义风格女装二
图3-18　简约主义风格女装三

图3-19 简约主义风格女装四
图3-20 简约主义风格女装五

四、超现实主义风格

超现实主义艺术风格起源于20世纪20年代的法国，是受弗洛伊德精神分析学与潜意识心理学理论的影响发展而来的。这一流派主张"精神的自动性"，提倡不接受任何逻辑的束缚、非自然合理的存在、梦境与现实的混乱，甚至是一种矛盾冲突的组合。而这种任由想象的模式也深深影响到服装领域，带动出一种史无前例、强调创意性的设计风格——超现实主义风格。超现实主义风格服装常以不可思议的、梦幻般的怪异造型，描绘人类心灵深处潜意识中邪恶的梦想，表现现实中人类矛盾的内心冲突，这类流行服饰包含反传统的激情，给人们带来耳目一新的审美感受（图3-21～图3-23）。

图3-21 超现实主义风格服装一

图3-22
超现实主义风格服装二

图3-23 超现实主义风格服装三

五、波普艺术风格

波普艺术根源是美国的大众文化,包括好莱坞电影、摇滚乐、消费文化等,大众、流行文化为艺术家们提供了非常丰富的视觉资源,时装女郎、广告、商标、明星、快餐、卡通漫画等被直接搬上画面,并随意进行各种图像的折衷、混合,从而消除了艺术和生活、大众和高雅的界限。波普艺术蓬勃发展的20世纪60年代,正好是服装设计的重大变革期,充满叛逆、年轻化、标新立异,相同的背景使波普艺术与服装设计自然地发生联系。波普艺术受到服装设计师的关注,很多设计师将波普艺术的折衷思维方法和拼贴元素应用于服装设计中。之后,在不同时期,波普艺术一直被设计师以不同形式借鉴和诠释(图3-24~图3-27)。

图3-24　波普艺术风格服装一　　图3-25　波普艺术风格服装二

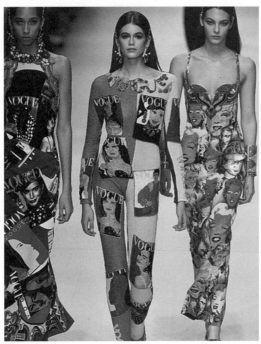 

图3-26　波普艺术风格服装三

图3-27　波普艺术风格服装四

六、欧普艺术风格

欧普艺术风格源于20世纪60年代的欧美，"OP"一词为"Optical"的缩写，意为视觉上的光学。而"欧普艺术"所指的正是利用人类视觉上的错视所绘制而成的绘画，因此"欧普艺术"又名为"视觉效应艺术"或"光效应艺术"。同样，这种按一定规则排列而造成视觉上的动感的艺术风格，也影响到服饰图案的发展，而形成一种革命性的服饰装饰美（图3-28～图3-30）。

七、未来主义风格

未来主义艺术出现在20世纪的意大利，是一个有组织、有纲领、有明确目标的艺术派别，抨击守旧、不思进取的社会状态。总体风格带有很强的运动感和速度感。1912年，未来主义举行海外联展，在世界范围内获得了巨大的轰动，未来主义艺术也从意大利走向世界。此后，每当人类在科技上取得重大进步时，就会带动全新的、有未

图3－28
欧普艺术风格服装一

图3－29　欧普艺术风格服装二
图3－30　欧普艺术风格服装三

来感的时尚。例如：1961年苏联宇航员升入太空，1969年美国登月成功，使人们对未来世界无限憧憬，掀起一股未来主义风格的服饰浪潮。

未来主义风格服装的典型特征是几何化、棱角分明、质感坚硬、理性、简洁、冰冷，具有中性气质，其构成要素是非常规材料、黑色、白色、几何风貌。未来主义风格的著名服装设计师有安德烈·库雷热（Andre Courreges）、皮尔·卡丹（Pierre Cardin）等。安德烈·库雷热曾学习过工程学，做过飞行员，因此他的设计充满科技感，1964年他推出了太空服装，白色是他的代表色。这一时期设计的主要特点体现在几何造型上，灵感主要来自机器人、宇航员等。以白色为主，面料较厚，实用性不强。20世纪90年代以后，僵硬的外观得到改进，使服装具有更好的实用性和舒适性（图3－31、图3－32）。

八、中性风格

中性风格包含两个层面，一是指女装中应用具有男装特征的元素，与女装中的柔性元素进行结合设计，体现柔美中的阳刚气质；二是指服装的特征没有呈现性别特征的倾向，服装的款式男女都可穿着。此类服装多为大众形的，如T恤、运动装、职业装、夹克装、牛仔裤等。中性风格女装设计的关键是款式，造型多以软硬结合为主，追求刚与柔、直与曲、硬与软的结合，如硬朗的领型结合曲线美感的款式线条。而普通中性服装款式是一种在常规服装款形中无倾向性的设计。中性风格服装的色彩避免使用给视觉带来疲劳感的高纯度色彩，多以轻快、明亮、中性的色彩为主，比较明朗单纯。领型、袖子和口袋等局部设计要体现自然、合理、中性化的特点，部件的量态、大小、位置变化的设计以实用和恰到好处为主。中性风格的女装可运用小部分的图案、刺绣、花边、缝纫线等进行装饰（图3－33～图3－35）。

图3－31　未来主义风格服装一

图3－32　未来主义风格服装二

图3-33 中性风格服装一

图3-34 中性风格服装二

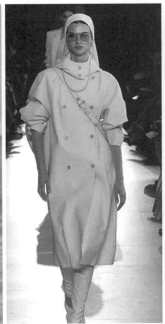

图3-35 中性风格服装三

九、民族风格

民族风格是具有民族或地区特色的服饰风格,是现代时装设计对各民族文化传统的观照与理解,是传统民族服装与时装潮流及审美情趣的一种奇异融合。与民族相对的一个词是国际化,由此可知,民族风貌中有明显区别于一般当代国际化时装之处。民族风格在巴黎高级时装传统中由来已久,20世纪初波尔·波阿莱(Paul Poiret)的设计即带有浓郁的东方情调。20世纪60年代至70年代流行少数民族风貌,很多设计师都借用各种民族服装进行设计,如伊夫·圣·洛朗(Yves Saint Laurent)推出的俄罗斯系列以及北美流行的印第安风格时装。另外,嬉皮士对民族风貌的偏爱,也对大众衣着产生了深远的影响(图3-36~图3-38)。

十、迷你风格

迷你风格以超短裙和热裤等为基本款式。20世纪50年代末至60年代初,伦敦青年时装设计师玛丽·匡特(Mary Quant)首先推出裙摆至膝上数寸的短裙,穿着者多为平民青年,穿时能充分展现腿的魅力和青春朝气,因而流行一时。皮尔·卡丹和古亥格把它引进巴黎高级女装和上流社会的沙龙,并由此变化出太空风貌(Space Look)等其他流行形式。20世纪80年代末,超短裙被白领女士采纳而穿着进入办公室。这

图3-36 民族风格服装一　　　图3-37 民族风格服装二　　　图3-38 民族风格服装三

样,迷你风格慢慢地成为一种经典。时至90年代,超短风貌进入流行的青春着装,超短裙、热裤与露脐装或紧窄合体的上衣配套穿着盛极一时。迷你风格在服装风格多元的今天仍占有一席之地(图3-39～图3-42)。

十一、比基尼风潮

"比基尼"原是太平洋马绍尔群岛最北端的一个环形珊瑚岛的岛名,美国在这个岛上进行了一次突破性的原子弹试验,从而使这个岛名为人所知,但在当时并没有传遍全世界,它的全球效应当属"三点式"泳装的发明。美国原子弹试验成功后,法国时装设计师路易·雷阿尔(Louis Réard)在巴黎大胆推出了一种由三块无饰边棉布和四根带子组成的新式女子泳装,他的设计在当时犹如原子弹爆炸一样震动了世人封闭的心灵,新闻爆炸以比原子弹爆炸更大的威力冲向全世界,"比基尼"泳装由此得名。此后,比基尼风靡欧洲并成为女性时尚服饰的标志(图3-43、图3-44)。

图3-39　迷你风格服装一

图3-40　迷你风格服装二

图3-41　迷你风格服装三

图3-42　迷你风格服装四
图3-43　比基尼风潮一
图3-44　比基尼风潮二

十二、谢克风格

图3-45　谢克风格服装一

　　"谢克"是一个宗教团体，18世纪末从英国到美国传经布道，以建立一种全新的生活方式。谢克要求男女之间犹如兄弟姐妹生活在一起，在物质方面极其简朴，除了工作和祈祷，别无它求。实际上，谢克人追求的是一种自我完善、尽善尽美的思想境界。谢克人为数不多，但在18世纪的美国，曾有过极大的影响。谢克人一般都是一些心灵手巧的手艺人或农夫，他们自己搞建筑，自己制用具，自己纺织，自己生产食品等。谢克人的穿戴严肃、朴素，喜欢用天然原料，喜爱简洁的线条、匀称和谐的比例，具有极高的审美能力。谢克人不仅制作自己生活所需的日用品，也生产多种多样的优质品出售。他们的精神追求和精湛手艺，逐渐形成了独树一帜的"谢克"风格。在这种传统风格的启迪下，20世纪80年代早期，拉夫尔·劳伦（Ralph Lauren）将朴素的谢克风格引用到时装设计领域，创造出了最简朴实用而又最时髦的"谢克风格"时装（图3-45～图3-48）。

图3-46　谢克风格服装二

图3-47　谢克风格服装三

图3-48　谢克风格服装四

十三、褴褛风格

所谓的"褴褛风格"就是我们平时所说的"乞丐装"。"乞丐装"实际上是由1982年在欧洲已经流行一时的"二手货形象"发挥和演变而来。而所谓"二手货形象"，又是更早一些时期就流行的石磨牛仔裤和褪色牛仔裤等的发展演变，它指那种把皮革等制成的服装用特殊的处理方法弄得外观残旧，就像是从旧市场买来的"二手货"一样。而现今"二手货"再进一步发展就出现了衣衫褴褛的"流浪汉"打扮和破破烂烂的"乞丐装"了。而"流浪汉"打扮是东披一块，西凑一件的穿戴，其色彩也是东拼西凑的色块，在服装上胡乱增添一些补丁，尽量使得衣衫褴褛，以体现风尘仆仆的流浪者形象。"乞丐装"是一种标新立异、哗众取宠的设计，它所吸引的对象多为喜爱新潮的青年。这类奇装异服除了"标新立异"外，更是一些年轻人厌世哲学的思想在服装上的表现，它在世界流行潮流中仅被较少部分人所追求（图3-49～图3-52）。

图3-49　褴褛风格一

图3-50　褴褛风格二

图3-51　褴褛风格三

图3-52　褴褛风格四

图3-53　多层风貌

　图3-54　朋克风潮

十四、多层风貌

多层风貌以不同款式、长短组成的搭配，形成多层次感觉，是1973年中东战争后流行的服饰倾向。当时，战争引发了全球性的能源危机，因此欧美各国度过了一个严寒的冬日，为抵御寒冷的侵袭，设计师们设计出多层次的穿着形象，即多层风貌。这种打扮由内到外以多层次服装组成，上装包括针织背心、毛衫、外套、围巾(或披肩)和帽子，下配中长裙等，服装的防寒功能占据了设计的主题(图3-53)。

十五、朋克风潮

"朋克"原用于指称社会上的游手好闲之徒或品质不良者。20世纪70年代中成为着装风格独特怪异群体的代名词。朋克的兴起和盛行，与20世纪六七十年代的嬉皮士、摇滚乐队及当时蔑视传统的社会风尚有着千丝万缕的联系。朋克们以极端的方式追求个性，同时又带有强烈易辨的群体色彩。穿着黑色紧身裤，印着寻衅的无政府主义标志的T恤、皮夹克和缀满亮片、大头针、拉链的形象，从伦敦街头迅速复制到欧洲和北美。朋克风潮的着装透露出一种共同情绪：不知道也不在乎明天将如何，他们只想说"有那么一点厌倦今天"，他们用奢华制造破落，戏剧化的衣饰带有精心布置的痕迹(图3-54)。

十六、复古风潮

在服饰流行中，复古主题屡见不鲜。如果说民族主题的服装着眼于对其他民族及区域的元素加以借鉴，那么复古主题的服装则强调对于本地域民族文化艺术的继承、再现和发展。对于服装设计来说,所谓的复古需要更多地考虑到社会和时代的需要。现代女性可以接受巴洛克式的华丽装饰,但不会承袭铁丝裙撑的旧时习俗。毕竟,一个成功的复古主题服装需要有人群的使用才能成为时尚。人类丰富的思想使得怀旧成为一种情结,尤其是社会或者群体的辉煌期和困顿期,复古主题形成的怀旧情绪的展现成为人们排解心理压力的有效手段。文艺复兴时期,人文主义思想的旗帜需要依附于相对稳定而规律的社会环境,因此对强盛的古希腊、古罗马时期文化气氛的再现成为大势所趋。拿破仑时期推崇的新古典主义也是人们暂时回归相对稳定而朴实年代最好的适应方式。

由于不同时期有着不同的时尚美学,同样的历史题材在不同的阶段有不同的服饰复古面貌,而且对于本民族的历史素材,民众有一定的熟悉度和亲切感,这就是复古主题服装艺术较为容易形成风潮的主要原因。后工业社会具有数字化、信息化和服务型特征,后工业化的服装设计更多属于后现代的美学范畴,表现极其自由,没有所谓

图3－55　复古风潮

的中心,艺术的内涵更扩展到"多元"的范围。从历史中汲取灵感成为服装设计师诠释未来的最佳方法,未来不再是20世纪60年代创造的金属感和流线型风格,未来即复古,这也是21世纪的主题(图3－55)。

第四章

影响服装流行的主要因素

　　服饰流行是一种复杂的社会现象，体现了整个时代的精神风貌。包含社会、政治、经济、文化、地域等多方面的因素，它与社会的变革、经济的兴衰、人们的文化水平、消费心理状况以及自然环境和气候的影响紧密相连。这是由服装自身的自然科学性和社会科学性所决定的。社会的政治、经济、文化、科技水平、当代艺术思潮以及人们的生活方式等都会在不同程度上对服饰流行产生影响，而个人的需求、兴趣、价值观、年龄、社会地位等则会影响个人对流行服饰的选择。服饰流行的影响因素可以概括为三个方面：自然因素、社会环境因素和心理因素。

第一节　自　然　因　素

　　自然因素主要包括地域和气候两个方面。地域的不同和自然环境的不同，使各地的服装风格形成并保持了各自的特色。在服装流行的过程中，地域的差别或多或少地会影响流行。偏远地区人们的穿着和大城市里服装的流行总会有一定的差距，而这种差距随着距离的靠近递减，这种现象被称之为"流行时空差"。不同地区、不同国家人们的生存环境不同，风俗习惯也不同，导致人们的接受能力产生差别，观念和审美也会有一些差异。而一个地区固有的气候，形成了这个地区适应这种气候的服装，当气候发生变化时，服装也将随之发生变化。

第二节　社会环境因素

一、经济因素

　　当社会经济不景气，人们都将精神放在民生问题方面，首先要求解决食、住的问题,对服装款式是否流行,便不会太关心,亦不会时常购买衣服,于是造成服装业的萎缩,而服装款式的转变必然相应地减慢,甚至停滞不前。相反,社会经济繁荣富裕,人们便会不断要求新的服装款式,以满足其追求时髦的心理欲望,服装设计师不断创新竞争,使新的服饰流行不断涌现。

二、文化因素

任何一种流行现象都是在一定的社会文化背景下产生和发展的,它必然受到该社会文化观念的影响与制约。从大方面来看,东方文化强调统一、和谐、对称,重视主观意念,偏重内在情感的表达,常常带有一种潜在的神秘主义色彩。因此,精神上倾向于端庄、平稳、持重与宁静。服装形式上多采用左右对称、相互关联。西方文化强调非对称,表现出极强的外向性,充满扩张感,重视客体的本性美感。服装外形上有明显的造型意识,着力于体现人体曲线,强调三维效果。国际化服装是当今的主流服装,各种文化之间的界限在逐渐淡化,各国服装流行趋于一致,但同样的流行元素在不同的国家仍然持有特有文化的痕迹,其表达方式也带有许多细节上的差异。因此,地域文化对服装的流行有着重要的影响,它通过对人们的生活方式与流行观念的影响,使国际性的服装流行呈现出多元化的状态。

三、政治因素

国家或社会的政治状况和政治制度在一定程度上对服饰流行也有影响。在等级制度森严的封建社会中,流行一般只发生在社会上层。统治者为了维护和巩固其统治地位,对不同阶层人的服装都有严格的规定,个人自由选择服装的余地很小,并且除了统治阶层之外,多数人生活贫困,没有经济实力追求流行。只有在人的个性获得解放,人们享有充分自由选择权利的社会中,流行才有可能成为大众化的现象。从历史上看,社会动荡和政治变革常会引起服装的变化,例如:18世纪法国大革命时期,革命者曾流行穿长裤,与保守派的半截裤大异其趣。

四、科技因素

科技的发展对服饰流行也具有深远的影响。一方面,它为新的服饰流行提供创意设计元素,另一方面,它能促进流行信息的交流,加速服饰流行的周期。从人类历史演变看,纺纱织布技术给人类的衣着带来巨大的变化;近代资本主义工业革命带来了科技的迅速发展,促使服装从手工缝制走向机器化大生产,产生了批量化生产形式,大大缩短了服装流行的周期。从20世纪30年代合成纤维的使用，到40年代尼龙丝袜的风靡；从60年代太空风貌的出现，到90年代富有金属质感的高科技面料，新科技、新发明使服饰流行超越了时空界限，深刻地影响着现代人的生活。

五、艺术潮

每个时代都有反映其时代精神的艺术风格和艺术思潮，每个时代的艺术思潮都在一定程度上影响着该时代的服装风格。无论是哥特式、巴洛克、洛可可、古典主义，还是现代派艺术，其风格和精神内涵无一不反映在人们的服饰上。尤其是近现代，服装设计师开始有意识地追随和模仿艺术流派及其风格，拓展了服饰的表达能力。

六、生活方式

生活方式是指在人们的物质消费、精神文化、家庭及日常生活领域中的活动方式。在同样的物质条件下，人们可以选择不同的生活方式，生活方式直接影响人们对服装流行的态度。生活随意的人群通常喜欢休闲、随意、宽松的风貌，而生活严谨的人群通常选择合体的正装，运动爱好者强调服装的功能性与舒适性，而经常开会赴宴、出入豪华场合的人群则需要多套礼服与高级时装等。生活方式的改变往往会引起服装流行的变化。20世纪初，人们的生活方式发生了极大的改变，女性走出家庭，进入社会工作，职业女装应运而生；20世纪60年代，随着世界经济的发展与年轻消费群体的产生，年轻人向传统提出挑战，服装设计开始与街头文化接轨，大众化成衣成为主流。21世纪，体现每个个体独特个性的非主流服饰成为新的流行风向。

七、社会事件

在现代媒体的传播和引导中，社会上的一些事件常常可以成为流行的诱发因素，并成为服装设计师的灵感来源。重大事件或突发事件一般都有较强的吸引力，能够引起人们的关注。如果服装设计师能够敏锐而准确地把握和利用这些事件，其设计的作品就容易引起大众的共鸣，从而产生服饰流行的效应。例如：1997年的香港回归，2008年的北京奥运会等重要事件，都曾经引起中国风服饰的流行。

第三节　心理因素

　　流行在服饰领域的影响是不容忽视的,每个人都会受到流行的影响并产生一些微妙的心理反应,同时,正是由于这些心理反应使服装流行不断地向前发展。影响服饰流行的心理因素很多,其中主要体现在以下几个方面。

一、求廉心理

　　由于贫困和落后,使得生活拮据的消费者购买服装的目的仅仅局限于满足蔽体、防寒、保暖这些最基本的功能需要,在这一前提下,消费者会购买廉价实用的衣服。

二、求实心理

　　注重服装穿着舒适、安全防护、穿用方便等功能的消费者,不过分强调服装的款式、面料和花色的综合效果以及是否流行,是否价格低廉等,只要能满足他们对特定功能的需求即可。

三、求同心理

　　注重与环境协调,趋同心理强烈的消费者,对服装的需求讲究稳重大方、求同存异,只求衣冠的大众化。

四、求新心理

　　关注并积极参与社会现实的消费者,乐于追求服装的流行,也敢于领导潮流,所以服装消费以新颖、时尚为首选。

五、求名心理

　　认为穿着名牌服装可显示个人的社会角色、经济实力、身份地位、欣赏品位的消费者,为拥有名品可一掷千金,使其心理需求得到了极大的满足。

六、求奇心理

富有挑战、反现实心态的消费者常以怪诞、新奇、独创、刺激等特有的着装风格,求得标新立异、与众不同。

七、求美心理

追求服装的审美艺术价值,注重服装的造型、穿着后的艺术效果以及由此所表现出的美妙意境。

第五章

服装流行的传播

第一节　服装流行的传播媒介

一、时装展示

时装展示是服饰流行传播的主要媒介之一，分为动态展示和静态展示两种。动态展示是着装模特在规定的展示台上，通过形态动作来表现服装整体效果的一种展示形式。动态展示起源于欧洲，创始人是高级时装的创始人——沃斯。1858年，沃斯首次采用了动态展示这一形式，将时装的艺术效果更加直观地展示在消费者面前。静态展示是利用人形架展示服装效果的一种展示形式。人形架的造型可以是抽象的，也可以是具象的，在各类服装展览、服装交易会和订货会上，采用静态展示的形式较多。

二、影视艺术

电影电视作为贴近生活的艺术形式之一，影视明星们在荧幕内外的服装穿着，反映着当时最流行的风潮，也影响着之后的服装流行。一方面，服装塑造了影视演员的角色形象，另一方面，影视演员的知名度也促进了服装的流行。人们会追逐和模仿自己喜爱的影视演员的穿着打扮，从而促进了服装流行。

三、大众媒体

大众媒体传播是指专业的组织机构通过各种宣传渠道和宣传工具促进服饰流行，使服装深入到大众生活中，为人们所接受。这方面的机构主要有服装研究所、服装设计师协会、服装协会等；宣传渠道和宣传工具有网络、电视、服装杂志及专业服装报刊等。随着移动互联网的飞速发展和大数据时代的到来，微信、淘宝、网络直播等成为服装流行传播的新媒介。

四、社会名流

社会各界名流也是服饰流行传播的主要媒介之一。社会名流具有显赫的社会地位和声望，拥有众多的崇拜者和追随者，他们在一些公共场合的穿着装扮产生了广告效用，很容易被人们所接受和喜爱。同时，正因为他们是社会名流，所以频繁地在各类媒体上亮相，在这种特定的活动中，他们一般都会选择时尚、得体的服装来打扮自己，借以增强自信心和维护自己良好的社会形象，同时也为自己的追随者树立起时尚潮流的风向标。

第二节　服装流行的传播模式

服装流行的传播模式通常分为以下四种。

一、自上而下式

自上而下式是指新的服装风貌或穿着方式首先产生于社会上层，低于这一阶层的人通过模仿上层人群的衣着服饰而形成的流行现象。上层阶级的经济实力、身份地位和闲暇生活通过他们的衣着服饰显示出来，因而具有了尊贵的象征意味，从而为民间效仿。当这种衣着被模仿、复制乃至普及，上层社会开始寻找新的事物以拉开等级差距。这种自上而下的传播模式在欧洲古代宫廷和近代工业社会早期是流行最主要的传播模式，而在现代大众消费社会中，社会上层人群在衣着方面保持低调，而影视明星等则更能在衣着上起到示范作用。

二、自下而上式

自下而上式是指新的服装风貌或穿着方式首先产生于街头或次文化群体，得到小部分人的欣赏，被赋予一定的名称以标记这种风貌，然后被大众媒体所关注和传播，最后逐渐成为社会上层所接受的流行现象。20世纪60年代以后这种流行传播模式形成，显示了现代消费社会中，大众作为消费主体对衣生活方式的影响。自下而上的流行风貌大多因其具有独特的实用功能或审美功能而为人们认可、接受。最经典的例子是牛仔裤的流行——这种劳苦的美国淘金工人穿着的服装最终普及到社会各个阶层的人群中，不仅成为现代生活中最常用的基本服装，而且其本身也在不断地翻新变化并形成独特的牛仔文化，成为引领时尚的重要元素。

三、平行传播式

平行传播式是指新的服装风貌或穿着方式在同一群体内部的横向扩散过程或不同类群体之间的多向、交叉传播过程，这是当代服装流行最重要的传播模式。尽管社会等级是一个客观存在的社会现象，但是在现代社会的生产和生活方式主导下，平等观念深入人心，公开炫耀等级差别的做法成为愚蠢之举。服装作为地位象征的功能退化，对于绝大多数人来说，它更是一种寻找乐趣、追随同类、展示自我的工具。此外，现代信息社会的大众媒体空前发达，使各种服装流行信息以前所未有的速度、广度和深度迅速普及到社会各阶层与群体，一方面为大众的衣生活展现了众多选择的可能性，另一方面又以大规模、高频度的宣传对大众造成极大的从众压力，使之屈服于流行。

四、中心辐射式

中心辐射模式是指服饰流行现象从其发源地向其他地域传播的方式。事实上，服装的流行传播从地域上来看并不均衡。服装的流行是现代都市生活方式的产物，因此，服饰流行的发源地往往是人口密集的政治、经济、文化中心城市。从全球范围来看，时尚流行的发源地主要是巴黎、纽约、伦敦、米兰和东京，来自这些城市的时尚流行资讯最具权威性，代表最新的流行动向，并通过各种流行资讯媒体传播到世界各地，形成流行从其中心向其他地域辐射的现象。

第六章 服装流行趋势的信息采集与分析

第一节　服装流行趋势的信息采集

一、采集服装行业信息

对于服装业来说，服装面料博览会在很大程度上决定了下一季的流行趋势。每年9月末，在巴黎举办的面料博览会上，面料供应商会展示他们的成果。一些大品牌会独家采购某些面料，尽管大多数供应商对客户的资料保密，但大品牌采购面料的信息还是会被一些灵通人士捕捉到，从而影响到行业内其他时装公司的选择。色彩与纤维材料是纺织行业的基础，是积累预测资料的第一步，通常通过纱线与面料博览会来获得最新的信息。通过有关色彩、纤维、面料组织与质地等方面的资讯，服装流行预测工作者会感受到新的流行动向，很有可能找出下一季节流行的特色。国际性质的纱线、面料博览会对于整个流行市场起到相当重要的作用。

目前我国较有影响力的展览是上海国际流行纱线展。对于国内外市场中的服装、服饰配件的制造商与设计师来说，各大百货公司、设计师品牌店、流行服饰售卖店等都是了解现行风格的场所。制造商、设计师与专门的预测工作者都必须不断地收集各种相关资料，相互观察、了解，以明确新的流行发展动向。各大成衣博览会以及各国家和地区时装周是收集这级资料信息的丰富来源，这一级资源要尽量做到超前、快速，甚至是侦探式收集。此外，来自各级零售业的信息是获取消费者消费偏好的第一手资讯。

二、采集服装消费者信息

有关消费者的信息收集与分析是进行趋势调查的重要组成部分，通常会通过调查表、调查访谈、图像拍摄等方式获得直接的信息，同时也可以通过与经济相关的研究组织的数据与结论获得信息。首先，街头流动的人群是观察某个区域流行的直接印象，也是采集某个区域消费者信息的第一手资料。其次，是对消费者价值观与生活态度的观察。第三,是对消费层次的掌握。第四,是对人口数据的调查分析。

三、采集媒体信息

丰富的媒体信息是获得资讯快捷而有效的手段。21世纪传媒的高度发达使服装流行传播的速度变得更为直接、快速。期刊、书籍、影片、网络等提供的信息,几乎囊括了服饰流行行业中各个层面的相关信息与知识:对流行信息的研究与报道;揭示流行时尚的内幕;建议最新流行的时装与时尚的穿戴方式;对过去流行的总结,预测未来流行趋势;评论各大品牌、设计师、社会名流明星的最新动态;介绍商家的运营与发展状况以及时装界的各种大小事件等。

四、采集地域信息

每个地域都有自己独特的风格,对于不同的地域文化特点、建筑、街道、商店、饮食特点、人们的衣着方式、一般的品位水准等各方面的观察,有助于培养对趋势的理解或找出区域性趋势要点。我国地域广阔,各少数民族区域都具有特定的服饰文化。以区域为基地所生产的服装产品也有着明显的差异,通常有四个派别:以北京为主的北方地区为讲究洒脱稳重的京派服装、以广深为主的华南地区为突出女性柔婉的粤派服装、以上海为中心的长江三角洲地区尽显俏丽华贵的沪派服装,还有以武汉为基地的华中地区穿着端庄大方的汉派服装。对于某地域整体着装风格的观察是开发本地区切合消费习惯与特色的有效方法。

第二节　服装流行趋势的信息分析

资料分析是对调查资料是否具有某种性质或引起某一现象变化的原因及现象变化过程的分析。资料分析的方法可分为定性分析和定量分析(统计分析)两类。定性分析就是用经过处理的现象材料分析调查对象是否具有某种性质,分析某种现象变化的原因及变化的过程,从而揭示调查现象中存在的动态规律。定量分析就是将丰富的现象材料,用数量的形式表现出来,借助统计学进行处理,描述出现象中散布的共同特征并对变量间的关系进行假设检验。一般情况下,定性分析与定性资料、定量分析与定量资料之间存在对应关系。但是,随着人们对研究方法的深入探究,发现对定量资料的解释离不开定性分析的方法,而定性材料积累到一定量时结果才有普遍意义,用定量方法去分析定性材料往往会得出令人信服的结论,两者之间的对应关系被逐渐打破。

任何事物都是质和量的统一体,不存在没有数量的质量,也不存在没有质量的数量。因此,只有对事物的质和量两个方面都加以分析,调查分析才能全面。定量分析使我们的认识趋于精确,但它只说明总体的趋势和倾向,难以说明产生结果的一些深层次原因和一些在抽样中难以抽到的特殊情况。定性分析使我们的认识趋于深刻,但仅仅局限于此,因为我们的认识也有局限性。两种分析方法具有互补性,不能以追求市场调查研究的"科学化"为口号而排斥定性分析,否则会使研究趋于肤浅、片面;也不能以调查现象的"复杂性"为借口而排斥定量分析,否则会使研究趋于模糊、相对。

一、定性分析

定性分析是与定量分析相对而言的,它是对不能量化的现象进行系统化理性认识的分析,其方法依据是科学的哲学观点、逻辑判断及推理,其结论是对事物本质、趋势及规律的性质方面的认识。

定性分析有如下特点:分析的对象是调查资料;分析的直接目的是要证实或证伪研究假设,对市场现象得出理论认识;分析强调纵式关系。用调查资料证明研究假设,是一种纵式关系。在这一关系中,把实践和理论联系起来的中间环节是调查指标及实地调查。调查指标及实地调查一方面充当概念及理论的具体体现者和承担者,另一方面与可观察的现实市场联系起来。

二、定量分析

定量分析是指从事物的数量特征方面入手,运用一定的数据处理技术进行数量分析,从而挖掘出数量中所包含的事物本身的特性及规律性的分析方法。

定量分析方法主要有描述性统计分析方法和解析性统计分析方法。描述性统计分析是指对被调查总体所有单位的有关数据作搜集、整理和计算综合指标等加工处理,用于描述总体特征的统计分析方法。服装市场调查分析中最常用的描述性统计分析主要包括对调查数据的相对程度分析、指数分析;解析性统计分析方法主要有假设检验、方差分析和相关分析,除此之外还有不确定性分析方法,即模糊分析方法。

第七章 服装流行趋势预测

流行预测(Fashion Forecasting)是指在特定的时间,根据过去的经验,对市场、经济以及整体社会环境因素所做出的专业评估,以推测可能的流行活动。服装流行是在一定的空间和时间内形成的新兴服装的穿着潮流,它不仅反映了相当数量的人们的意愿和行动,而且体现着整个时代的精神风貌。

服装流行趋势预测就是以一定的形式显现出未来某个时期的服装流行的概念、特征与风貌,这个服装的流行概念、特征与风貌就是服装流行趋势的预测目标。

现代服装的更新周期越来越短,服装流行趋势越来越显现出模糊性、多元性的特点,这使得服装流行趋势预测愈加重要。通过对服装流行趋势预测,可以了解下一季或未来更长时期内服装将会发生什么变化以及目前哪些事件可以对将来产生重大影响。因此,许多发达国家都非常重视对服装流行及其预测的研究,并定期发布服装流行趋势,用以指导服装生产和消费。

第一节　服装流行趋势预测的方法

一、定性预测法

服装流行趋势预测大多是专家会议预测、德尔菲预测、情报预测、调查分析预测等定性预测法,通过各种相关资料的收集、整理、分析而发现社会发展和市场变化的趋势,进而推测服装流行的趋势。主要从以下几个方面收集资料进行预测。

(1)政治、经济、社会文化、科学技术方面。政治、经济、文化和科技是影响流行变化的重要因素,它们的变化趋势,常常预示着流行变化的方向。例如:随着经济发展、生活水平的提高,人们将会追求更加个性化的穿着方式;技术的进步,可能带来某种新面料的普及等。

(2)流行的源头。流行源头之一是世界时装中心和中外流行预测机构的预测信息,权威设计师对触发流行起着决定性作用。世界时装中心巴黎、米兰、纽约、伦敦、东京是时装流行的策源地,每年都发布大量流行预测信息,通过各种媒体向全球传播,对全球时装的流行趋势有很大影响。流行源头之二是政治人物,娱乐、体育界的明星,各类领袖人物等流行的引领者。他们必须通过服装来使自己显得超然卓群,因此,在任何时代,时装总是这些享有盛誉的人发起的,他们的身份足够引起广大群众极力仿效而导致流行。流行源头之三是广大消费者群体。前面介绍过流行传播的"自下而上模式",说明了普通大众的服装也会流行。过去身份低微人士穿着的服装,就是那些不能证实显著消费、浪费或休闲的服装,有时经时髦人士重新部署,也会流行开。比如说印度工人或希腊渔夫的装扮,只需要加上少许昂贵的装饰品,就可以将其转化为高雅的流行,也就是一种新的时尚。

（3）消费者偏好和生活方式的变化趋势。消费者的偏好和生活方式的变化是流行变化的晴雨表:当人们越来越重视舒适、方便的穿着时,预示着休闲风貌的服装将会流行;当人们的环保意识普遍提高时,绿色纺织品、绿色服装受到更多人的欢迎。服装在一定程度上也代表了时代所赋予它的特定内涵。比如在时尚界,"波西米亚"风格成了追求放荡不羁、自由浪漫的代名词,成为了演绎小资情调的最好方式,"朋克""嬉皮"风格是反叛精神、思想颓废的代表等。

（4）流行的传播过程。在进行服饰流行趋势预测时,还需要了解流行是如何在地区间、不同社会阶层和群体中传播的。例如:有些流行风貌,首先出现在巴黎,之后传至北京,这种传播的滞后性为预测某种风貌的流行提供了可能。在某些社会群体中,常常有所谓时尚引领者,他们对时尚的变化非常敏感,是流行风貌的率先采用者,掌握他们的人口统计特征,对他们进行跟踪观察和调查,可以发现流行的变化趋势。

（5）流行服装在时间序列上的变化。根据前面介绍的"流行的特征"和"流行的过程"可知,过去的流行和现在正流行的风貌为流行预测提供了依据。如现在正在流行的是短裙,可以预测明年不会一下子流行长裙,因为它不符合流行渐变的法则。同时,当发现某种风貌已走向了极端,就可以预测它将向其相反的方向变化。

（6）社会重大事件或偶发事件。社会的一些重大事件或偶发事件也常常会成为服装流行的诱发因素,甚至会引发全新的流行。2008年中国举办奥运会这一举国欢庆的重大事件就在全世界引发了中国元素的流行。

（7）其他领域的流行现象。服装的流行不是孤立存在的,它与其他社会现象有着密切关系。因此,预测流行还应关注其他领域的时尚。如文学、艺术、体育、影视剧、流行音乐、休闲娱乐方式等,从中发现各种流行时尚间的关系,为预测流行趋势和开发设计产品提供帮助。服装流行趋势的预测需要许多人的参与,特别是市场或行业专家、设计师、色彩和面料方面的专家、时装评论家、经销商、企业家等在流行预测中起着重要作用。可以通过个别访问或召开专家咨询会议,了解他们对流行趋势的看法和意见,为流行趋势预测提供依据。各种媒体也是掌握流行信息和进行流行预测的重要工具。电视、杂志、报纸、互联网等大量传播着各种社会、经济、文化、科技以及人们生活方式方面的信息,不断介绍着流行时尚的信息。因此,经常关注各类媒体发布的各种相关信息,对流行趋势预测具有重要意义。

二、定量预测法

服装流行趋势的预测主要是定性预测,但从目前国内外对服装流行预测的方法以及相关的研究来看,已开始从定性分析转向定性分析与定量分析的结合,开始重视定量预测,摸索着、尝试着将数学中的概率统计理论、模糊数学理论等应用于服装预测中,利用已有的大量原始数据作为基础,通过专业人士或消费主体对某些评价指标赋予权重,建立预测模型。流行色偏爱值预测(FCPV)、模糊聚类分析预测、回归分析预测、灰色预测模型预测等是现在国内外常用的纺织服装流行趋势定量预测法。

在服装流行趋势预测中要注意以下几个问题:第一,构建合理的研究框架和理论模型。流行趋势研究的科学性和权威性,关键是源自于这一研究最初建立的框架。第二,主流文化与非主流文化的对抗性和融合性问题。第三,地域性审美趣味的心理差异。第四,把握好流行趋势整体研究与局部研究的关系。第五,象征性与实用性问题。第六,感性与理性之间的关系。

第二节　服装流行趋势预测的主要内容

服装流行趋势预测的主要内容包括:面料预测、辅料预测、色彩预测、款式预测、图案预测、搭配预测、结构预测及工艺预测等八个方面。

一、面料

面料是服饰美的物质外壳,同时具有美的信息传达和美的源泉作用,是当今服装设计师首先思考的审美元素。成功的设计往往都是最大限度地利用面料的最佳性能,创造出符合流行趋势的服装。不同面料和不同质感给予人不同的印象和美感,从而产生各异的风格。面料的风格是服装素材的综合反映,是服装流行的物质基础,要想准确预测服装的流行趋势,必须把握好服装面料的流行信息。

（一）天然纤维面料

现代工业生产带来的环境污染使人们一次次去寻求消逝了的田园牧歌，期望能返璞归真，而最直接的体现便是在服装面料的选择上。服装是人的第二层皮肤，与大自然的最近距离接触便是将天然的织物覆盖在自己的肌肤之上，于是天然纤维面料成为人类返朴思想的首要选择。

1. 棉织物

在棉、麻、丝、毛四类天然纤维中，棉常被放在首位，这源于其天然性以及普遍性，有一种象征着青春和朴实的特别含义。随着人们更加崇尚自然、环保、舒适、平和的穿着，服装面料已经重新回归了"纯棉时代"。纯棉服装以其坚韧、柔软、高度透气和舒爽的穿着感而备受服装设计师的青睐。

2. 麻织物

传统的麻质服装粗犷、质朴，具有一种平民化的亲切感。古老的麻文化，加之悬垂、挺爽、抗菌、保健的性能和高雅、休闲的设计风格，使麻织物服装在崇尚绿色环保、返璞归真的今天，成为世界流行的符号及高贵的象征。

3. 毛织物

毛织物又称为呢绒，以天然、高档著称，根据加工工艺的不同，分为精纺呢绒和粗纺呢绒两类。精纺呢绒俗称料子，坚牢耐穿，长时间不变形，因无极光而显得格外庄重，具有质地滑爽，外观高雅、挺括，触感丰满，风格经典，光泽自然柔和等特点，是高档服装的首选面料。而粗纺毛料俗称呢子，较为厚实，正反面都有一层绒毛，织纹不显露，保暖性好，外观粗犷，质地较为松软，是秋冬季服装面料的首选。

4. 丝织物

丝织物面料是高档的服装材料，主要以天然蚕丝纤维和各种人造丝、合成纤维丝织成，品种丰富，种类齐全。穿着舒适、华丽、高贵，具有柔软滑爽、光泽明亮、得天独厚的优良服用性能，因此得到了广泛的选用。

（二）化学纤维面料

天然纤维的性能是有限的，而时装的个性化追求则是无限的，这就必须依靠化学纤维的种种差别化功能。日新月异的化纤技术进步比起时髦的IT产业毫不逊色，以纯化学纤维为原料来塑造纯天然面料的质地也是众多面料开发者的追求。如今很多仿天然的面料在手感及外观方面几乎达到了乱真的程度，而许多化学纤维自身又具有一些天然纤维面料所无法比拟的优势。因此，在追求个性化的今天，化纤面料也受到消费者的青睐。

1. 黏胶纤维面料

具有手感柔软、穿着透气舒适、染色鲜艳、吸湿性能最佳、悬垂性好等服用性能，但也存在一些缺点，如湿强很低（仅为干强的50%左右），织物缩水率较大，刚度、回弹性及抗皱性差，因此其服装保形性差，容易产生褶皱。

2. 涤纶纤维面料

具有坚牢耐用、抗皱免烫、良好的热塑性、耐光性、易洗快干、保形性好等优点，但也存在吸湿性较差、穿着有闷热感、易带静电、沾污灰尘、影响美观和舒适性，抗熔性较差，遇着烟灰、火星等易形成孔洞等缺点。

3. 锦纶面料

以其优异的耐磨性著称，常与其他纤维混纺或交织，以提高织物的强度和坚牢度。锦纶织物的耐磨性能居各类织物之首，吸湿性在合成纤维织物中较好，因此用锦纶制作的服装比涤纶服装穿着起来更加舒适。锦纶织物属轻型织物，弹性及弹性恢复性极好，但在外力下易变形，故其织物在穿用过程中易折皱。耐热性和耐光性均差，在穿着使用过程中须注意洗涤、保养的条件，以免损伤织物。

4. 腈纶面料

俗称人造毛，有"合成羊毛"之美称，具有类似羊毛织物的柔软、蓬松感，且色泽鲜艳，深受消费者喜爱。腈纶弹性及蓬松度类似天然羊毛，保暖性也不在羊毛织物之下，甚至比同类羊毛织物高15%左右。腈纶织物吸湿性较差，容易沾污，穿着有闷气感，但其尺寸稳定性能较好；有较好耐热性，居合成纤维第二位，且耐酸、氧化剂和有机溶剂，对碱的作用相对较敏感；耐光性居各种纤维织物之首，但其耐磨性却是各种合成纤维织物中最差的，适合做户外服装、泳装等。腈纶织物在合纤织物中属较轻的织物，是较好的轻便服装衣料。

5. 维纶面料

性质酷似棉花，因此有"合成棉花"之称。维纶织物吸湿性是合成纤维织物中最强的，具有一般棉品的风格，但是比棉布更结实、更坚牢耐用。维纶织物耐酸碱、耐腐蚀，不怕虫蛀，较长时间的日晒对其强度影响不大，因此适合制作工作服，也常织制帆布。缺点是耐热水性差,湿态遇热会收缩变形,且染色不鲜艳,因此,其用途受到限制,属低档衣料。

(三) 毛皮和皮革面料

毛皮是人类使用的最古老的服装材料之一,毛皮服装的设计与普通服装设计最大的不同在于面料的独特性,因此,充分了解面料性能与工艺对毛皮服装设计师非常重要。现在,裘皮已经从保暖的单一功能转变为张扬个性的高档面料,随着现代人审美观念的不断提高,皮草服饰打破以往一成不变的风格,更加时装化、个性化,并与其他高档面料相结合,给人以强烈的视觉冲击力。

(四) 针织面料

针织面料具有良好的弹性、延伸性、卷边性、脱散性等特点,穿着柔软、舒适,富有弹性,便于活动,深受消费者的喜爱。但是,针织面料的特点在某种程度上会影响针织服装的款式造型设计和结构工艺设计,因此,针织服装设计应充分考虑针织面料独特的线圈结构,突出其特有的质感和优良性能,要正确把握针织服装的款式造型、结构工艺设计与针织面料性能的关系,充分发挥针织面料的组织特点,做到扬长避短。

(五) 蕾丝面料

蕾丝有着精雕细琢的奢华感,体现浪漫气息,原本是作为一种辅料来用,由于蕾丝设计理念的创新、色彩搭配的丰富,人们逐渐将蕾丝作为服装面料。蕾丝在本质上传达的是雾里看花的时尚、透而不明的模糊美感。这种美感将抽象与具象合二为一,带给人丰富的想象和神秘感。蕾丝具有豪华、神秘、性感、娇柔、浪漫、妩媚的一面,也具有纯真、简洁、自然、优雅、清新的一面,蕾丝面料在现代时尚潮流中能恰当地传达女性的内在气质。

二、辅料

辅料是服装必不可少的组成部分,不论什么服装,除了面料就是辅料。如将一件服装比作一栋建筑,辅料就是其中的梁和柱、门和窗。古代有一种披挂式服装,即由大块不经缝制的衣料缠绕或披挂在身,这是古埃及、古希腊、古罗马人穿的服装,但仍需用腰带——紧扣件辅料束身。可见,没有辅料的服装是不可思议的。在服装材料学中,服装的材料被归纳为面料和辅料两大部分。而色彩、款式造型、材料是构成服装的三要素。服装的款式造型、服用性、时尚性、功能性是依靠服装材料的各项特性来保证的。与面料一样,辅料的服用性、装饰性、舒适性、保健性、耐用性、功能性及经济性都直接影响着服装的性能和价值。因此，服装辅料既是服装的基础，又是服装的闪光之处。

（一）服装辅料的内容和分类

服装辅料的分类有多种，若从功能上进行分类，可以分为连接件、填充件、装饰件、标志件和挂件五大类。

第一大类：连接件。当一块面料根据人体的形状被划分为若干片时，需要将分割的各块面料连接起来组成服装，连接件即起到将分割的面料组成服装的作用。连接件分为线、带、绳、扣等。

第二大类：填充件。分为衬（垫）料、里料、填料。

第三大类：装饰件。可分为花边、珠花、水钻、流苏、烫片等。

第四大类：标志件。可分为标签和吊牌。标签用于标明服装的商标和品牌；吊牌一般吊挂在服装上，其设计、印刷、制作都十分讲究，既有艺术价值，也可作为消费者的收藏品。

第五大类：挂件。挂件分为衣架和仿人模特。衣架是传统产品，目前有200多个品种，可分为西服衣架、休闲裤架、连体衣架、框式衣架等。仿人模特最初为石膏制成的人体模型，现多用木制，是服装设计师和服装商场展示服装不可或缺的材料。

（二）服装辅料的发展趋势

我国是服装生产大国，近年来，由于我国综合国力的持续增长，人们对服装的需求越来越大，要求也越来越高。服装主要由面料和辅料组成，面料虽然是服装的主要组成部分，可是缺少了辅料，也难发挥出服装应有的作用和魅力。随着人们生活水平和文化品位的日益提高，人们对服装穿着的目的性也有了较大的变化，更加突出时尚性和舒适性，对健康和环保的要求也更严格。同时，人们的活动范围日益扩大，极地旅行、太空漫步、海底探险等逐渐成为人类生活的一部分，因此特殊功能性服装的发展也不再停留在实验室，这给服装辅料的开发提供了新的空间。服装辅料的发展呈现如下趋势：

1. 服装辅料的传统功能日渐改变

服装辅料的三大功能是服用性、装饰性和功能性。长期以来，服用性是辅料的主要功能，对服装起到造型、保形、连接、紧固的作用。而随着服装行业的发展，服装辅料的装饰性更加凸显。采用激光雕刻快速制模以后，使拉头和钮扣的造型更加多样化、个性化，钮扣和拉链在设计师的眼中，承担着更多的装饰作用。而原来仅用于礼服和舞台服装上的装饰性辅料已开始大量用于时装、职业服和运动服，使服装的外观更加丰富多彩。可以预测,装饰性辅料将会有更大的发展空间。

2. 对保健、环保要求更加严格

1992年国际环保纺织协会制定并颁布了《国际生态纺织品标准100》,用以检测纺织和成衣制品在影响人体健康方面的标准。标准禁止和限制在纺织品上使用有害物质,标准包括100多项测试参数,以保证纺织品对健康无害。我国于2003年也制定和颁布了GB 18401-2003《国家纺织产品基本安全技术规范》。辅料作为服装的重要组成部分,也必须严格执行上述标准。

3. 功能性辅料有待开发

为满足特殊功能服装(如航天服、潜水服、极地考察服、消防服等)的特殊需要,服装材料需有特殊功能,例如:防辐射、防水透湿、阻燃、防红外线等特殊功能,即使普通服装,人们为了获得舒适感,也需面辅料具有抗菌防蛀、吸湿排汗、抗静电等功能性。现在服装面料已有在这方面的开发,与之相配伍的辅料还有待开发。随着科技的进步,新材料的出现,服装辅料的功能将会逐步增强。

三、色彩

(一) 色彩的种类与属性

1. 色彩的种类

千变万化的色彩世界主要是由无彩色系和有彩色系两大类组成。

黑色、白色及黑白两色相混的各种深浅不同的灰色系列,合称为无彩色系。从物理学角度看,它们不包括在可见光谱中,即光谱中不存在黑、白、灰,所以不能称之为色彩。但从视觉心理学上说,它具有完整的色彩性,应该包括在色彩体系之中。无彩色系最突出的特点是只有明度变化,而不具备纯度和色相。

可见光中的全部色彩都属于有彩色。有彩色是以红、橙、黄、绿、青、蓝、紫为基本色。基本色之间不同量的混合所产生的千千万万个色彩都属于有彩色系列。有彩色系中的任何一种色彩都具有色相、明度、纯度三个属性。

2. 色彩的属性

只要有一个色彩出现,这一个色彩就同时具有三个基本属性。第一个属性是色彩明暗的性质,称为明度;第二个属性是区别色彩相貌的,称为色相;第三个属性是区别色彩的鲜灰程度的,称为纯度。明度、色相、纯度,在色彩学上也被称为色彩的三要素。

熟悉掌握色彩的三属性,对于认识色彩、表现色彩、创造色彩极为重要。色彩的三属性之间,既有互相区别、各自独立的意义,又总是互为依存、互相制约。

色相是指色彩的不同相貌,它是色彩的最大特征。色相是区分色彩的主要依据。从光色角度看,色相差别是由光波波长的长短产生的。色彩的相貌是以红、橙、黄、绿、青、蓝、紫的光谱色为基本色相并形成一种秩序。这种秩序以色相环的形式体现,称为纯色色环。色环中,可把纯色色相的距离分隔均等,分别可做出6色相环、12色相环、20色相环、24色相环、40色相环等。12色相环是现代色彩学家约翰斯·伊顿设计的,12色相环的优点是不但12色相具有相同的间隔,同时6对补色也分别置于直径两端的对立位置上(180°的直线关系)。因此,初学者可以轻而易举地辨认12色的任何一种色相,而且可以清楚地知道三原色(红黄蓝)—间色(橙绿紫)—12色相环的产生过程。

色彩的明度是指它的明暗程度。在无彩色中,最高明度是白色,最低明度是黑色。在有彩色中,最明亮的是黄色,最暗的是紫色,黄色、紫色在有彩色的色环中成为划分明暗的中轴线。一般来说,色彩的明度变化会影响纯度的变化。任何一个有彩色,当它掺入白色时,明度提高;当它掺入黑色时,明度降低;掺入灰色时,即得出相应的明度色。在服装设计中,明度较高的色彩比较有女性化的观感,明度较暗的色彩有男性化的观感。

纯度是指色彩的鲜艳程度,又称彩度、饱和度、鲜艳度等。凡有纯度的色彩,必有相应的色相感。色相感越明确、纯净,其色彩的纯度就越纯,反之则越灰。纯度取决于可见光波长的单纯程度,当波长相当混杂时,就只能是无纯度的白光了。在色彩中,红、橙、黄、绿、青、紫等基本色相纯度最高,黑白灰色纯度等于零。纯度变化的色,可以通过三原色互混产生,也可以以某一纯色单独或复合地加白、加黑、加灰产生,同时还可以通过补色相混产生。需要注意的是,色相的纯度、明度不成正比,纯度高不等于明度高,而是呈现特定的明度,这是由有彩色视觉的生理条件决定的。

(二) 色彩体系

为了研究、认识与应用色彩,我们将千变万化的色彩按照它们各自的特性,按一定的规律和秩序排列,并加以命名,称之为色彩体系。色彩体系的建立,对于研究色彩的标准化、科学化、系统化以及实际应用都具有重要价值,具体地说,色彩体系就是将色彩按照三属性,有秩序地进行整理、分类而组成有系统的色彩体系。色彩体系借助于三维空间形式,同时体现色彩的色相、明度、纯度三者之间的关系,称为"色立体"。

(三) 流行色

流行色是在一定时期和地区内,特别受消费者普遍欢迎的几种或几组色彩和色调,成为风行一时的主销色。这种现象普遍存在于服装、纺织、食品、家具、室内装饰、城市建设等各方面,其中反映最为敏感的首推服装和纺织产品,它们的流行色最引人注意,周期最为短暂,变化也最快。流行色是相对于常用色、习惯色而言,流行色既区别于常用色,又离不开常用色。如果说人们追求流行色是求新、求异的心理反应,那么,人们使用常用色的行为,可以说是怀旧、求同的心理的写照。常用色与流行色互相依存,互相补充。

四、款式

款式是构成服装的三大基本元素之一,服装款式设计既包括服装的领、袖、肩、门襟等具体部位的设计,也包括外轮廓线的设计。外轮廓线设计是服装款式设计的基础,决定着设计定位的实现和后续程序的开展。

(一) 服装轮廓线

外形轮廓线简称为外形线,英文称为SILHOUETTE。在英文服饰词典里,往往将各类服装以外形线来归类,这说明外形线决定了服装款式的整体造型。物体与物体之间的边界往往给人以深刻的视觉印象,作为直观呈现的视觉形象,立体造型的服装首先是以轮廓线的方式呈现在我们的视野中。服装外形轮廓的变化是款式设计的关键,也是最能体现时代特点的服饰审美要素。在设计开始时,剪影般的轮廓特征直接决定了服装的整体特征,在表现服装艺术风格的同时也成为展现人体美的重要手段。因此,外形线在服装款式设计中处于核心地位,能充分体现出服装的时代风貌,在服装流行预测中也是关键因素。

(二) 服装的外形塑造

服装是包裹在人体上的造型,素有"软雕塑"之称,这说明服装造型设计有几分雕塑意味。服装虽然是用软的纺织品附着于人体上,但能用材料和结构塑造各种不同的外形。现代艺术的先驱、后印象主义大师塞尚,曾把世界万物归结为基本的几何形体,如球体、立方体、圆锥体等,服装造型也能把人体塑造成不同的三维基本形态,如裙子可以是筒状、伞状、鱼尾状,这是服装发展史上已有的事实。作为衣着者,穿不同的裙子,给人留下的视觉印象会大相径庭。又如裤子似乎很简单,但设计师也能创造出不同的立体造型,直筒裤、喇叭裤、萝卜裤、马裤、裙裤、灯笼裤等,其造型线条的变化也非常多。因此,服装设计既要把握二维状态中的比例变化,也要有像雕塑家一样的三维概念,用立体思维来塑造形体。

(三) 服装的内部结构

相对于服装的外部轮廓线而言的是服装的内部结构,轮廓决定外形,而内部结构则体现款式造型的具体方法。在服装设计中,内部结构也是不可或缺的基础要素。它用平面的服装裁剪以及拼接、支撑、堆积等手法解决材料与人体的依附关系及空间设置。一般而言,结构设计包含三方面内容:功能性结构、生产性结构和审美性结构。除解决一般的服装成型技术性问题外,故意显露内部结构的设计也成为一种流行方向。

(四) 服装的细部

在人们的视觉感受中,细部通常是精彩、微妙的体现,是设计的点睛之笔。服装设计中的细部,一般情况下是因为需要才设计的,在美化与功能有机结合的前提下展开。服装中的细部成为设计表达的重要组成部分,聚合了丰富的情感和无穷的智慧,通过具体的领、袖、褶、扣结、口袋、图案等局部的造型表现,为款式增添神韵。对于服装设计创新来说,除去外形与结构、色彩与面料的变化层次所产生的新意,有关细部的推敲也常常会带来许多新的感受,尤其当这类细部设计几近艺术性的完美时,服装将多出不少新颖别致的意味。

五、图案

(一) 服饰图案的概念与内涵

服饰图案是应用于服装及配饰的装饰设计和装饰纹样,它是把通过艺术概括和加工的纹样按照一定的规律组织起来并能通过一定工艺手段与服装结合的图形,对丰富和加强服装的审美效果起着重要的作用。服饰图案与服装设计是有区别的,前者侧重于服装的装饰美化要求,从属于既定的服装风貌和结构;后者侧重于围绕"人"这一中心对服装的总体进行全面规划,其中包括结构式样用途的构想及实现的途径等。当然,服装设计与服饰图案两者是相通的、密不可分的,服装设计包括服饰图案的设计,而服饰图案设计也必须考虑到服装的整体设计。图案与服饰图案的关系是一般与特殊、共性与个性的关系。服装上运用图案有着悠久的历史,远古的人类早就醉心于有关身体的创造美活动。如今,人们越来越关注图案对服饰的美化作用,许多日常生活装及制服都依赖服饰图案来增强其艺术性,尤其是女装与童装的图案运用最为明显。图案在服装造型的基础上,可以通过视觉补充人体的各种不足,同时服装也因图案的不同形成了不同的风格。

（二）服饰图案的分类

图案与服装的结合主要有两种，一种是在已有图案面料上，根据服装设计的要求制作服装；一种是图案与服装同时设计。按空间形态分类，可分为平面图案和立体图案；按构成形式分类，可分为点状服饰图案、线状服饰图案、面状服饰图案及综合式服饰图案；按工艺制作分类，可分为印染服饰图案、编织服饰图案、拼贴服饰图案、刺绣服饰图案、手绘服饰图案等；按装饰部位分类，可分为领部图案、肩部图案、背部图案、袖口图案、前襟图案、边缘图案；按对象分类，可依衣物的类型分为羊毛衫图案，T恤衫图案、旗袍图案等，或衣着装者的类型分为男装图案、女装图案和童装图案等；按题材分类，可分为现代题材、传统题材、民族民间题材或东方题材、西洋题材等，也可以分成抽象或具象服饰图案。

（三）服饰图案的属性

服饰图案具有不同于其他艺术形式的特殊属性，主要表现在实用性、装饰性和从属性三个方面。

1. 实用性

服饰图案既可以起到加固服装的作用，又可以修饰人体的不足之处。第一，加固作用。很多服饰图案出现在领部、肘关节、膝关节，其最初的目的就是起到加固服装的作用。因为这些部位是最容易破损的地方，利用刺绣贴补图案的方法可以起到加固作用。第二，弥补人体缺陷。体现在图案的位置上，图案的扩缩感多作用于腰部、肩部、背部。如削肩的人在肩部装饰纹样，可以使肩部造型显得硬朗一些，从而弥补削肩的不足；背部图案也可以起到扩宽人体的作用，所以男装图案多用于肩、背部。体现在图案构成形式上，比如用竖条纹做的直筒裙，可使人的体态显得苗条；做成"人"字形条纹斜裙，显得生动活泼；制作横条纹裙，显得发胖；制作成先横后竖的交叉裙，能突出女性臀围；如果是先竖后横就显得很不搭配。体现在色彩上，图案色彩比较艳丽明亮时一般会产生扩张的视觉效果，所以胖人不宜穿着色彩过于艳丽、明亮的服装；瘦人也不宜穿着色彩过于暗淡、灰沉的服装；胸部平坦者可利用明艳图案弥补，修正体型。

2. 装饰性

装饰即修饰、打扮。人们穿着衣服，除了实用功能外，还要实现对美的追求。服饰图案正是迎合了人们追求美的心理，使本来具有实用功能的服装更具审美功能。它美化着人们的物质生活和精神世界，潜移默化地陶冶人们的性情。所以图案在服饰上虽然处于从属地位，但它是服装整体美不可缺少的组成部分。

3. 从属性

无论从广义还是狭义的角度理解，图案都不是最终的、完整的产品本身。服装与人体的关系中人是主体，"量体裁衣"说明服装必须根据人的体型进行设计和裁剪。服饰图案是依附于衣物的，只有通过物化或附着于物质产品后才能真正实现其价值，因而服饰图案具有强烈的从属性。它必定要受到物质材料、生产工艺、使用功能、使用对象、经济条件、市场消费乃至时代风尚的约束，同时图案素材的选择、装饰的部位、表现手法和表现形式都要根据款式的特点和着装对象的需要而定。设计者在设计图案时必须考虑这一系列的前提因素，这正是图案与纯欣赏艺术的另一重要区别。图案的从属性又决定了图案的丰富性，相同的图案利用不同的材质、不同的工艺制作会产生差异巨大的视觉效果。然而，需强调的是，图案对产品而言虽然是从属的，但绝不是可有可无，采用什么图案，会直接影响到服装的审美、价格以及销售等。

六、搭配

（一）服饰搭配的重要性

1. 服饰搭配是塑造服饰形象的前提与保障

生活中，多数人是凭感觉来选择服饰搭配的，有较大的随意性和盲目性，掌握服饰搭配的常识，可以形成自觉的服饰观念，对于服装及其配件的选择和配套就会更加可靠与稳定，服饰行为和服饰品位也会因此提高，服饰形象的打造会更加得体、到位。

2. 服饰搭配反映人的修养与审美水平

一个人的修养与审美水平可以通过很多方面展示出来，如行为、举止、言谈等，其中服饰搭配是反映人的修养与审美水平最为重要的窗口。

3. 完美的服饰搭配成为社交的必要手段

服饰被称作人们在社交生活中无声的语言，怎样利用这种无声语言，正确表达自己的意愿，展示服饰礼仪，赢得尊重，达到自己的目的，利用服饰搭配是一种必要的手段。

（二）服饰搭配的要素与形式

1. 服饰搭配的要素

第一，色彩的搭配美。服饰的美是造型、色彩与材质的综合体现，然而首先映入眼帘的是服装色彩，不同的色相、明度、纯度表达出不同的感情，给人以丰富的视觉与心理感受。因此色彩是服饰搭配中的首要因素，不同的着装、不同的场合，不同的对象、不同的季节都应配合不同的流行色彩，给人以全新的美感。

第二，造型的元素美。服装的造型即是服装的款式，服装的造型千变万化，每一种造型都有相应的服装风格的显现。造型元素点、线、面转化为服装各部位的款式细节，在服饰搭配过程中款式之间的组合、款式与人体之间的映衬关系、款式与环境的协调都必须与穿着的具体条件相适应。

第三，材质的质地美。材质是构成服装的物质基础，服饰搭配中材质的质地美包括服装选用材料的质感、光泽、色感、图案、厚薄等方面形成的视觉与触觉感受，以及与服装构成，与穿着者的肤色、形体、周围环境、季节相协调而产生的美感。

第四，配件的装饰美。服饰配件在服饰搭配中起到画龙点睛的作用。西服中的领带、晚礼服中的首饰、女职业套装中的丝巾、箱包与鞋子，恰到好处的服饰配件能使整体服饰形象熠熠生辉，增添个人魅力。

第五，仪容的装扮美。在服饰搭配艺术中，不但要注重服装主体与配饰的选择，而且要重视发型与妆容。得体的发型与化妆体现着人与服饰的协调，美化个人形象。

第六，自身的人体美。人体美是指人的体型的健康之美。服饰搭配的目的之一就是美化、修正人体。在服饰搭配过程中，要充分了解不同体型的特点，能够利用服饰将人体不理想的部分加以美化，扬长避短，弥补外形的欠缺。

第七，流行的元素美。服装是时尚的产物，流行是服饰的生命。在服饰搭配中，应注重流行元素的应用，比如流行的色彩、流行的材质、流行的饰物、流行的风格等，在服饰搭配中穿出时尚，就要有流行的影子。

第八，个性的张扬美。在服饰搭配中应注重流行的应用，但并不等于要完全照搬流行，因为流行的元素并不适合任何人，在流行中找准自己的定位，在搭配中显示个性之美，才是服饰形象塑造的最高境界。

2. 服饰搭配的形式

第一，服饰自身的搭配要具有统一与协调美。服饰自身的配套艺术中有材质的配合、色彩的配合、款式造型的配合，也就是追求服饰风格的统一，以实现服饰的"协调性"。

第二，服饰和着装者的搭配要协调统一。人是有个性的，强调个性是现代服饰的特征之一。越来越多的消费者要求穿着不同于他人的服饰，以表现自己独特的风貌和气质。

第三，服饰搭配要与时间、场合、环境协调统一。当今社会的女性群体大多是职业女性，就着装而言，柔和色调的裙装和裤装是首选，局部可用反差较大的色调调和，以求变化。发型简单，首饰轻巧别致，这种简洁大方的服饰搭配会给人以精明能干、端庄秀丽的职业形象。但是在庆典、宴会场合，若穿着普通又不施粉黛，无任何装饰，则会显得索然无味，与欢庆场合格格不入。

七、结构

（一）服装结构设计要素

服装结构作为服装设计的重要组成部分，是指构成服装立体造型的框架。服装结构的平面表现形式是服装样板，服装结构设计是服装结构的扩展与延伸。服装结构设计解决了平面布料形成与人体曲面相似的立体曲面的技术问题。服装结构设计是一门技术，同时也是一门艺术。服装结构设计并非单纯地与款式设计相对应，它需要考虑设计因素、人体因素、素材因素以及缝制因素等。

1. 设计因素

服装结构设计应该与服装款式相对应。但是，在进行服装结构设计的过程中，不能单纯地进行结构图绘制，还必须考虑服装穿着到人体上的立体形态。服装结构设计是立体造型设计的平面展开图，因此，构成立体形态的造型及其构成线是服装结构设计中最重要的因素。设计师设计不同款式的服装，其服装结构必然不同。

2. 人体因素

在进行服装结构设计时不但需要获得相关的人体数据信息，还需要考虑与人体相关的其他因素——号型因素、形态因素以及和人体运动部位相关的其他因素等。

3. 素材因素

不同的服装材料制作相同款式的服装所获得的立体感和松量构成的感觉是有差异的，褶裥和波浪褶的效果和分量感也不一样。充分考虑素材所具有的物理性能在服装结构设计过程中十分重要。

4. 缝制因素

服装结构设计的纸样通常会因服装缝制的方法不同而有所差异。如单件服装的缝制，在处理服装结构图时，一般会预先加入吃缝量和归缩量，而对于批量生产的服装，多运用省道和接缝的结构形式来取代相应的吃缝量和归缩量。

（二）服装结构设计方法

服装是由面料组成的，服装结构设计制图方法大体可分为立体裁剪和平面裁剪。

1. 立体裁剪

立体裁剪是在立体裁剪专用的规格人台上，用立体裁剪技术获得的基本纸样。立体裁剪的方法不同于服装平面的制图，因为它无须测量人台各部位的尺寸，而是将服装面料直接披挂在人体上或标准的人台上，并依据人体结构和服装款式设计的需求，做出合乎人体体型和符合款式设计的服装造型，然后再在人台上直接进行裁剪并获得服装结构纸样。立体裁剪的方法虽然直观效果强，做出的服装适体度比较高，能完成一些服装平面制图中难以达到的款式效果，但这种立体裁剪的方法要求相对高，必须在对服装与人体关系、服装构成要素特性的认识基础上才能达到理想效果。

2. 平面裁剪

平面裁剪是服装结构制图中使用最为广泛的一种方法。它是以测量所得的尺寸为依据，通过一定的制图原则，在面料或纸上绘制服装结构图，或者先绘出服装的基型，然后按基型的变化规律进行变化后再逐一绘制服装结构图。平面裁剪是将已经设计好的服装在想象中立体化，利用预先测量获得的人体计测值，绘制成立体形态对应的平面展开图的方法。平面裁剪是将想象中的立体形态转化为具体的平面展开图，与直接用布料在人台上边做边确认的立体裁剪相比，其涉及难度较高的图形学计算等方面的内容。但是，平面裁剪最常用的方法是原型制图法，由于原型是包裹人体尺寸和形态的最基本的服装，通过原型的变化可以设计出不同服装款式的结构样板，这是一种相对简单易学的纸样制图方法。

八、工艺

服装工艺是实现服装设计的基本途径，它基于设计师的创意思维，是二维绘画效果到三维成衣的媒介。在整个工艺中，设计师从对意、型、色、质的再创造出发，将设计的服装形状、内外部结构、材料艺术本质，结合人体着装后的视觉美感进行诠释与升华，从美化、保护、遵循人体生存规律出发，设计出完美和谐的服装。从原始社会到现代，服饰的粗犷、强硬、纤细、优美、繁复等风格设计，都出于工艺对面料、结构和缝制的诠释和装饰。

服装设计艺术是艺术与科学技术相结合的产物，它离不开工艺的支撑。服装工艺是通过工艺方法和手段来综合体现服装设计艺术形式与款型、穿着者形象美的高度统一形式。其中，设计是灵魂，是整个服装的构成框架模型，具有丰富的寓意和内涵；工艺是表达服装三维设计美的综合要素，是设计的美感符号，它从服装创作样稿到人体审视、材料创造、款式结构制图、排料裁剪、缝制整理等内容，展现人体与服装整体形象的综合艺术美，是艺术与技术的相互融合，是服装设计二维观念转化为三维造型实体美的不可缺少的环节，是实现设计的重要组成部分。下面以装饰工艺为例，来认识服装工艺及其与服饰流行的密切关系。

第一，装饰工艺能充分发挥装饰材料的属性，带给人们情趣。材质是表现服装视觉情趣语言不可或缺的要素,其情趣语言很大程度上来自于人们对它的触觉体验。当触觉和视觉交融时,可让人们在穿着服装的过程中产生丰富多彩的情感体验。比如,丝绸、纯棉等传统材质总会让人联想起温馨和舒适,而金属和玻璃等现代材质则会令人产生浪漫和典雅的感觉。将这样的材质装饰到服装中,往往会使服装或多或少地带有情感倾向。所以,基于对服饰材料的物质属性、新功能和价值的认识和把握,了解各种材质不同视觉语言的表现特点和可塑性,然后借助巧妙的装饰工艺,就能使服装产生非同一般的效果。例如:有效利用环扣、搭扣、无纺布、金属、宝石、陶瓷、电光片、纸、皮革等辅料,用现代设计手段表现现代设计观念,使有光材料和无光材料、平面型材料和立体型材料相得益彰,不仅以丰富的形式表现各种情趣,更以各种强化、超越和再现,凸显服装设计的新闪光点。

第二,装饰工艺自身能使服装情趣化。伴随着服装产业的发展,服装加工的过程从镶、滚、嵌、绣之间的徘徊中走了出来,设计师进一步挖掘更有创意的手段来丰富服装的立面效果。常见的服装后加工装饰大都继承和发扬了传统技艺的精华,主要包括各种印制图案、刺绣、拼贴、镶珠、珠绣、盘花、雕花、镂空花、编结图案等方式。目前,服装后加工装饰被赋予了更加多样化的工艺手段和造型语言。以服饰为主体的服装后整理加工,从平面转换到立体,设计师用多样化工艺手段,增加服装的情趣意味。比如,在表现手段上,将服装面料的花型与成衣后处理加工结合设计,使服装的视觉功能更趋完美,且充满新奇感;结合流苏、钩编、盘花、撕破、毛边、层堆、烫钻、滴塑、铆钉或几种装饰手段并置的形式,凸凹、交错、连续、对比,使服装的面貌多样并充满情趣。服装装饰工艺不仅提升了服装的美感度,更促使服装装饰技术层出不穷。

第三节　服装色彩流行趋势预测

一、流行色的概念

流行色,相对常用色而言,是指在一定的社会范围内一段时间内广泛流传的带有倾向性的色彩。这种色彩,往往是以若干个组群的形式呈现的,不同类型的消费者会在其中选择某一组色彩。流行色具有新颖、时髦、变化快等特点,对消费市场起着一定的主导作用。流行色有时以单一色彩出现,有时以充当主色出现,有时以构成色彩气氛(即色调)出现,表现形式变化多样。如果一种新色调被当地人们接受并风行起来就可以称为地区性流行色;如果这种新色调得到国际流行色委员会的一致通过并向世界发布就是国际流行色。

二、色彩预测的重要性

色彩产品和趋势预测内容一起构成了提供给服装产业的流行趋势的整体资讯。纤维、纱线与面料产品是制造商用来生产服装用的初始材料，最终这些服装通过零售商销售给顾客。色彩预测的产品与制造商所生产的产品相比来说，显得可有可无，但制造商一旦了解并掌握了色彩预测的过程，就知道它对纺织服装业的发展是有利的。一些为纺织制造商提供长期服务的趋势预测公司在每一季到来的时候，都要担当起为制造商们提供色彩流行趋势的职责。预测和趋势的推广被看作是一种营销技巧，通过运用季节流行色可以推动时尚消费。因此，色彩趋势的预测在服装产业中具有重要作用。

三、色彩预测的依据

事物的流行都有其发生的原因，进行流行色的预测也不是凭空臆想的。在社会调查的基础上，依据观察者自身的专业知识与生活经验，并结合以往一定的规律做出判断。流行色本身就是一种社会现象，研究并分析社会各阶层的喜好倾向、心理状态、传统基础和社会发展趋势，都是预测和发布的重要基础。流行色不是全社会民众的喜好色，在现实社会中，消费者总是由不同年龄、不同性别、不同行业的人组成，每一个年龄层、每一种性格类型、每一个审美类型的人群都有自己喜好的流行色。因此，流行色必须是根据消费者的类型特点进行研究与推广。

生活不断为人们提供新的创意，人们生活在色彩的世界里，自然环境与传统文化赋予了色彩相当多的感性特征，如玻璃色、水色、大理石色、烟灰色、薄荷色、唐三彩色等。流行预测人员要不断观察生活、体会生活，可选定一个色彩感受浓郁的地区作为人文色彩的考察和综合分析的对象，采用的方法有写生、速写记录、色谱求取、测色记录以及摄影或摄像等。主要记录特定环境的色调、色彩的配置方式以及色彩主观感受的表达，其目的是为了了解该地区人文色彩存在的方式和特质，为色彩表现积累经验。流行色有一定的演变规律，日本流行色研究专家根据美国的海巴·比伦的精神物理学研究，发现了流行色规律，即红与蓝同时流行约3年，然后转变为绿与橙又流行了3年，中间约经过1年时间的过渡。一般流行色的演变周期为5～7年，包括始发期、上升期、高潮期和消退期四个时期，其中高潮期称为黄金销售期，一般为1～2年。进入21世纪，随着信息流通技术的加快和人们生活节奏的变化，这个时间规律有缩短的趋势。

从演变规律看，流行色在发展过程中有三种趋向：延续性、突变性、周期性。延续性是指流行色在一种色相的基调上或同类色的范围内发生明度、纯度的变化。例如：1998—2001年，绿色都在流行色之列，但从明度上有变化，即由较暗的军绿逐渐演变到明亮的黄绿；2002—2005 年,蓝色调到绿松石色调的流行过渡经过了墨水蓝、湖蓝、蓝绿等。突变性是指一种流行的颜色向它相反的颜色方向发展。例如：自21世纪开始,白色一直是上升色彩,而在"9·11"事件之后,黑色成为下一季秋冬的重要颜色。周期性是指某种色彩每隔一定时间段又重新流行。

四、色彩预测的方式

目前,国际上对服装流行色的预测方式大致分为两类：一是以西欧为代表的,建立在色彩经验基础之上的直觉预测；二是以日本为代表的,建立在市场调研量化分析基础之上的市场统计趋势预测。

1. 直觉预测

直觉预测是建立在消费者欲求和个人喜好的基础之上,凭借专家的直觉,对过去和现在发生的事进行综合分析、判断,将理性与感性的情感体验和日常对美的意识加以结合,最终预测出流行色彩。这种预测方法要求预测者有极强的对客观市场趋势的洞察力。直觉法预测对色彩预测专家的选择有着严格的要求。首先,参加预测的人员应是多年参与流行色预测的专家,积累着丰富的预测经验,有较强的直觉判断力；其次,这些人员应该在色彩方面训练有素,有较高的配色水平和广泛的修养,并掌握较多的信息资料。即使如此,预测也不能仅靠个人力量,而是将预测工作交给具有上述条件的一批人来完成。西欧国家的一些专家是直觉预测的主要代表,特别是法国和德国的专家,一直是国际流行色界的先驱。他们对西欧市场和艺术有着丰富的感受,以个人才华、经验与创造力设计出代表国际潮流的色彩构图,他们的直觉和灵感非常容易得到其他代表的赞同。

2. 市场调查预测

市场调查预测是一种广泛调查市场,分析消费层次,进行科学统计的测算方法。日本和美国是这种预测方式的代表国家。日本人始终将市场放在首位,在注重市场数据的分析、调查、统计的同时研究消费者的心理变化、喜好和潜在的需求,利用计算机处理量化统计数据,并依据色彩规律和消费者的动向来预测下一季的色彩。美国人则更加关注流行色预测的商业性,他们主要搜集欧洲地区的服装流行色信息和美国国内的服装市场消费情报,利用流行传播理论的下传模式,通过不同层次消费者对时尚信息获取的时间差进行调查、预测,使服装上市时基本与消费者的需求相吻合；同时,还以电话跟踪的方式调查、了解消费者的态度,使消费者的反馈成为预测依据。目前,我国也十分重视流行色预测,各地纷纷建立了研究机构,许多研究者都在探讨如何准确地预测流行色的变化规律。

中国流行色协会是在借鉴国外同行工作经验的基础上逐步发展的。在服装流行色的预测上，一方面，采用了欧洲专家们的定性分析方法，观察国内外流行色的发展状况；另一方面，根据市场调查取得大量的市场资料并进行分析和筛选，在分析过程中还加入了社会、文化、经济的因素。随着经验的积累，色彩预测信息正日趋符合我国国情。流行色协会下设有调研部，对市场变化也有相应的记录，但由于我国复杂的客观环境，如幅员辽阔、文化差异、经济发展不均衡等因素都制约了流行色研究和预测的发展。

五、流行色组织

1. 国际流行色委员会

国际流行色委员会是国际色彩趋势方面的领导机构，也是目前影响世界服装与纺织面料流行颜色的权威机构，拥有组织庞大的研究和发布流行色的团体，全称为"国际时装与纺织品流行色委员会"。国际流行色委员会总部设在巴黎，发起国有法国、德国、日本，成立于1963年9月9日。国际流行色委员会设正式会员与合作会员（观察员），到目前为止，正式会员来自法国、德国、意大利、英国、西班牙、葡萄牙、荷兰、芬兰、奥地利、瑞士、匈牙利、捷克、罗马尼亚、土耳其、日本、中国、韩国、哥伦比亚、保加利亚等19个国家。

2. 中国流行色协会

中国流行色组织是中国流行色协会。1982年2月15日，在上海成立了中国丝绸流行色协会，1983年2月代表中国加入国际流行色委员会，1985年10月1日改名为中国流行色协会。中国流行色协会第六次代表大会决议指出：中国流行色协会秘书处自2002年1月1日起从上海迁至北京，并依托中国纺织信息中心、国家纺织产品开发中心开展工作。中国流行色组织是由全国从事流行色研究、预测设计、应用等机构和人员组成的法人社会团体，作为中国科学技术协会直属的全国性协会，挂靠中国纺织工业协会。协会设有专家委员会、组织部、调研部、学术部、市场部、设计工作室、对外联络部、流行色杂志社和上海代表处以及四个专业委员会，有常务理事49名，理事192名，来自全国纺织、服装、化工、轻工、建筑等不同行业的企业、大专院校、科研院所和中介机构等。

3. 其他国际性研究、发布流行色的组织和机构

（1）《国际色彩权威》杂志（*International Color Authority*，简称"ICA"）。该杂志由美国的《美国纺织》、英国的《英国纺织》和荷兰的《国际纺织》联合研究出版。经过专家们反复讨论，提前21个月发布春夏及秋冬色彩预报，分为男装色、女装色、便服色和家具色四组色彩预报。

（2）国际羊毛局（International Wool Secretariat），简称"IWS"。国际羊毛局男装部设在英国伦敦，女装部设在法国巴黎。总部与国际流行色协会联合推出适用于毛纺织产品及服装的色卡。

（3）国际棉业协会（International Institute For Cotton），简称"IIC"。该协会与国际流行色协会联系，专门研究和发布适用于棉织物的流行色。

（4）德国法兰克福（Interstoff）国际衣料博览会。该博览会每年举行两次，发布的流行色卡有一定的特色，并且与国际流行色协会所预测的色彩趋向基本一致。

另外，还有一些世界级的实力大公司也发布流行色。例如：美国杜邦公司（Dupont）、法国拜耳（Bayer）、奥地利兰精公司（Lenzing）、英国阿考迪斯公司（Acordis）、美国棉花公司（Cotton Incorporated）、德国赫斯特公司（Hearst）等。

六、国际流行色预测过程

国际流行色协会每年分春夏和秋冬召集两次。国际流行色协会成员国的专家们选定未来24个月的流行色概念色组，从协会各成员国的提案中经讨论、表决、选定，得出一致公认的几组色彩为这一季的流行色。会议时间是每年的6月和12月，从2007年底，预测时间改为提前18个月。会议首先是要归纳与综合各成员国对未来一定时期的流行色预测提案，提出本届国际流行色主导趋势的理论依据，然后选定未来一定时期内流行色的主导概念的色谱。各成员国专家们到会时要向大会展示本国流行色协会专家组对未来流行色发展趋势的预测提案。这个预测提案包括概念版、流行色文案和流行色色样三项内容。

概念版包括三个方面：一是本届流行色的主题，用以理解色彩的概念。二是流行色的灵感来源，指明流行色形象感受的大趋势以及形象源，用以理解本届流行色形成的成因和灵感来源；三是流行色的家族组成及其色谱，用以表明具体的色谱形态等内容。

流行色文案内容包括两个方面：一是本届流行色形成的背景，即所在国的政治、经济、文化形势，即时尚发展的基本形态以及市场变化概况等原因对人们色彩审美的影响；二是流行色色谱的构成形式以及配色的概念与基本配色方法的理论。

流行色色样是每个成员国提供的概念版上所有色谱实材色样，这些色样是成员国专家们认为的在未来时期内将成为时尚的流行色色谱。

具体步骤首先由各国代表介绍本国推出的今后24个月的流行色概念并展示色卡；然后，由本届协会的常务理事会成员国（意大利、法国、英国、荷兰、奥地利等）根据代表介绍的要点讨论本届会议的各国的提案精神，确定本届流行色选定的色谱方法与方案蓝本，经过全体讨论，各国代表再加以补充、调整，推荐出的色彩只要半数以上的代表通过就能入选；最后，对色彩进行分组、排列，经过反复研究与磋商，由常务理事会中特别有经验的专家整合各方案,排出大家公认的定案色谱系统,产生新的国际流行色。

为保证流行色发布的正确性,大会通常当场施行各会员国代表分发的新标准色卡,供回国复制、使用。会员国享有获得一手资料的优先权,限定在半年内将该色卡在图书、杂志上公开发表。组委会工作人员将专家们选定的色样制作由染色纤维精制而成的本届流行色概念色谱定案的标准色卡,并分发给各个成员国的流行色协会。各国流行色协会便迅速地将其复制成专门的色卡,传送到各方面的有关用户手中。

七、流行色的发布形式

流行色的发布通常会通过服装表演、博览会展览、杂志刊登等方式向公众发布。向公众展示的流行色稍后发布于国际流行色会议,是根据各国国际流行色定案消化整理后以更加清晰的主题概念进行发布,因为一些初步的产品如染料、纱线等已经按照国际定案进行生产了。各国流行色权威机构及其他发布流行色机构的发布时间一般需提前18个月,平面发布通常包括主题名称、主题画面、主题概念、主题色卡四个部分。

2019—2020春夏色彩趋势预测(图7-1～图7-4)。

主题一: 快乐柠檬。跳跃的柠檬黄,传递出快乐的气息,是本季最吸睛的色彩。

主题二: 樱花夏日。樱花象征幸福、热烈和纯洁,是春夏不可或缺的颜色。

主题三: 粉色记忆。复古的粉色,唤起美好的回忆,是少女最爱的色彩。

主题四: 绿色张力。浅色系的薄荷绿,透射出生命的张力,是夏天的专属色彩。

图7-1 快乐柠檬

图7-2　樱花夏日

图7-3　粉色记忆

图7-4　绿色张力

第四节　纱线与面料流行趋势预测

一、纱线、面料预测的方式

纱线预测一般提前销售期18个月,面料的预测一般提前12个月。对于纱线、面料的预测主要是由专门的机构,结合新材料、流行色来进行概念发布。色彩通过纺织材料会呈现出更加感性的风格特征,所以关于纱线与材料的预测往往是在国际流行色的指导下结合实际材料加以表达,使人们对于趋势有更为直观的感受。

专业展会成为各个流行预测机构和组织展示他们成果的重要舞台,通常会借助各大纱线博览会、面料博览会进行展出。在这里可以结合材质更为实际地体验到未来的服装色彩感觉。纱线、面料博览会上通常会展出新的流行色彩概念、新型材料以及上一季的典型材料,有时还会制成服装,更直观地展示这些新的发展趋势。

二、纱线、面料的发布形式

在展览会上纱线与面料主要以平面画册及各种面料小样展示,并配合一些以展示纱线和面料特征的悬挂立体风貌展示。为配合观众使其产生更加贴切的感受,也会在布置成主题形式的展示台上设有真人模特,各参展商同样在自己的展位上以相同的方式展示自己的产品。而早于展览会的纱线与面料发布则都是通过平面的形式,平面发布的形式一般包括主题名称、主题描述、主题画面、面料图片和色卡五个方面。

2019春夏中国流行面料趋势预测

主题一:少即是多。伴随网络和人工智能的发展,科技以无孔不入的态势影响着人们的生活。在未来,构成服装的每个部件都有可能成为交互工具,时尚与科技联姻是未来的流行趋势。智能面料将成为新的流行,但过量的智能信息却不断干扰着人们的专注力。共享经济下,人们开始倡导节制,崇尚少即是多,如图7-5所示。

图7-5 少即是多

色彩：未来的科技将逐步走向节制，面料的色彩也体现出这一特点。黑、白、灰是构成面料的基础色，黑色代表未知的空间，白色起到过渡或间隔的作用，灰色代表逻辑和理性。鲜亮色是与灰、黑搭配的重要点缀，其作用是强调服装的科技功能，提升服装的整体效果。

面料：未来面料更注重质感与空间感的塑造。本季面料注重功能性纤维材料的运用；轻薄的尼龙材质贯穿其中，强调光泽感和质感，突出面料的金属折皱效果，给人以视觉、听觉的双重感受。欧根纱搭配PVC涂层面料，打造经典与实用相结合的日常着装；漆皮外观的防护面料通过表面降光处理，恰好符合了都市外观。

主题二：理想国度。现代社会，在科技的驱动下，时尚与生态之间的关系被重置。传统与现代、东方与西方、信仰与理性之间交织出新的惊喜。步入后传统时代，自然与社会交界的地带成为人们的理想国度，让人们暂时逃离无处不在的"科技干扰"。时尚与环境保护不再一味屈从与妥协，循环再生面料成为时尚消费的新宠，如图7-6所示。

色彩：新鲜而带有呼吸感的色彩，表达了人们对可持续生活的感悟。菠萝黄、嫩绿色等有机色调带给人们大自然的纯美享受；非洲大地色、唐卡蓝、血红色成为时尚新宠，是后传统时代人们对民族精神的提炼与升华；军绿色和浅灰绿构成的色调，则继续担当着户外运动和休闲的主力。

图7-6 理想国度

面料：生态理念和可持续发展理念开启了新的创意。粗犷的原始肌理和凌乱的线条感成为新时尚；天然的褶皱、日晒的褪色效果是新的流行元素；天然亚麻纤维、泡泡纱和强捻纱打造出的不规则感和微浮雕效果让人为之心动；干燥的毛巾织物外观让人们犹如置身自然的慵懒氛围。传统工艺和天然纤维被注入了现代时尚元素。

主题三：重回原点。后传统时代，传统的消费模式被颠覆，消费者开始脱离功能实用的模式，聚焦享乐主义需求。迷恋短暂的快乐，渴望不断更新，用娱乐化的符号宣扬复古和怀旧；这种逆时尚的潮流颠覆了传统概念，打破美与丑、对与错的界限，一切重回原点，而互联网及社交媒体则成为这一变革的土壤，如图7-7所示。

色彩：活力充沛的高彩色与深邃的暗色相互映衬。持续流行的亮黄、具有塑料感的人造绿以及冷艳的科技紫，都是塑造娱乐至上的最佳色彩。纯色之间的碰撞带来心理上的兴奋和新的消费刺激，反式审美在强烈的视觉冲击下体现出更多时尚。

面料：面料的工艺和材质体现颠覆性，注重新色彩、新纹理以及新图案的应用。刺绣、印花、植绒等不同工艺打造出丰富的表面效果；轻薄的金属丝织锦、解构重组的花式条纹，采用新颖的配色以及叠加肌理，营造出不同的时尚感；透明材质采用图案化处理，搭配华丽的亮片与金属纱线，打造出华丽的享乐主义表面。

图7-7 重回原点

第五节　服装款式流行趋势预测

一、款式预测的方式

　　款式的预测通常提前6~12个月。预测机构掌握上一季畅销产品的典型特点,在预知未来的色彩倾向,掌握纱线与面料发展倾向的基础上可以对未来服装的整体风格以及轮廓、细节等加以预测,并最终制作成更为详细的预测报告。推出具体的服装流行主题,包括文字和服装实物。权威预测机构除了会对各大品牌新一季的T台做出归纳与编辑,同样会推出由专门设计师团体所做的各类款式手稿。

　　在预测内容中,由于色彩是预测的基础,因此,专门的国际预测组织对色彩的预测多而详细。对材料以及款式的预测主要是在国际流行色的框架下配合材料来具体表现,其预测与色彩相比内容少,主要是对各大机构以及展览资讯的及时收集,同时对于新材料的关注。

二、款式的发布形式

　　在各大时装周上,款式发布主要以动态表演的形式进行,而更早的发布通常也是采用平面的形式。款式的平面发布形式较为多样,通常包含主题、主题画面、主题描述、款式与款式细节、色卡五个部分。专门的趋势预测机构提供12个月以后甚至更长时间的款式设计,可以按照款式数量售卖。除了分别按照色彩、材料与款式进行发布预测外,有时也按照综合了色彩、材料、款式的形式进行平面的发布,其内容同样包括主题、主题画面、主题描述、款式与款式细节、色卡等。这里的文字描述包括对于色彩、纤维与款式的描述,在主体画面上也包括面料实物的图片。

　　实例:2019春夏女装流行趋势预测

　　主题一:佩兹利风格。 2019年春夏,女装时尚中再次出现了波希米亚风格的印花图案,包括大量的佩兹利风格的图案。佩兹利风格的服装曾流行于20世纪60年代,2019年春夏再次成为女装图案的新宠。佩兹利花纹具有细腻、繁复、华美等特点,同时还被赋予了吉祥、美好、和谐、绵延不断的寓意,极具古典主义气息,如图7-8所示。

　　主题二:工装裤。 时尚潮流每年都有不一样的诠释,而工装元素在最近几年的时尚潮流中却始终占有一席之地。2019年春夏女装时尚中,工装裤再次成为时尚新宠。城市街头风格与工装裤结合,使2019年春夏时尚潮流更具都市气息,如图7-9所示。

主题三：泡泡袖。2019年春夏女装中，泡泡袖再次成为时尚潮流的一部分。泡泡袖是公主裙趋势的分支，在风格上贴近浪漫主义，带有强烈的女孩子气息，2019年春夏，许多设计师推出泡泡袖女装，来迎合年轻消费者的需求，如图7-10所示。

图7-8 佩兹利风格

图7-9 工装裤

图7-10 泡泡袖

第八章

服装流行与服装设计师

在服饰流行的历史长河中,服装设计师一直发挥着重要的作用,从真正被称为服装设计师的高级时装之父查尔斯·弗莱德·沃斯算起,在160余年的历史发展过程中,曾经涌现出了无数的优秀服装设计师,正是他们的努力和奉献,不断推动服装流行的前进。

第一节　服装设计师与服装流行的关系

在服饰流行的历程中,服装设计师与服装流行的关系经历了三个大的阶段。

一、个体设计师主宰流行的阶段——19世纪中期至20世纪50年代

自从查尔斯·弗莱德·沃斯开创了服装设计事业,设计师队伍也开始壮大起来。随着服装业的扩展,法国又出现了许多设计新人,如活跃于20世纪初的波尔·波阿莱、玛德琳·维奥内,在20世纪20年代和50年代曾两度风靡的加布里埃·香奈儿,称雄于20世纪50年代的克里斯汀·迪奥、克里斯特巴尔·巴伦夏加(Cristobal Balenciaga)、皮埃尔·巴尔曼(Pierre Balmain)等。尽管他们只是设计师群体的代表人物,然而与现在短期内形成的庞大设计师队伍相比,当时的设计师仍然是凤毛麟角。他们的工作主要是为社会上层名流、达官贵人以及演艺界成年女性设计高级时装。人们追逐设计师的时装发布信息,就像追逐流星,生怕自己会落伍而被人耻笑。这是设计师创造流行、主宰流行的特殊世纪,连国家的权威报纸都把最新的时装信息放到头版头条,可见当时服装设计师的地位何等重要。

二、设计师群体主宰流行阶段——20世纪60年代至80年代

20世纪60年代发生了反传统的年轻风暴,战后成长起来的青年人对时装界一贯的做法不满,他们要为自己设计服装来对抗传统的服装美学。他们对整个社会

体制也不满,对摇滚乐歌星的崇拜取代了电影明星,留长发、穿牛仔的嬉皮士、避世派风靡欧美,朋克族成了青年的模仿对象。这一阶段登台的设计师是一大批年轻人,他们中的代表有迷你裙设计者玛丽·匡特、安德烈·库雷热、宇宙服创始人皮尔·卡丹、波普风格创始人伊夫·圣·洛朗、朋克装创始人维维安·维斯特伍德(Vivienne Westwood)、男性化宽肩女装创始人乔治·阿玛尼(Giorgio Armani)、女性化收腰皮装创始人阿瑟丁·阿拉亚(Azzedine Alaia)等。而且20世纪70年代兴起的高级成衣业,也催生了一大批新的设计师,如卡尔·拉格菲尔德(Karl Lagerfeld)是欧洲设计师代表之一,超大风格创始人三宅一生(Issey Miyake)、乞丐装创始人川久保玲(Rei Kawakubo)等是东方设计师的代表。受到年轻风暴冲击的高级时装设计师们,此时也加入到高级成衣设计行列。这是设计师群体主宰流行的时代,他们创造的迷你裙、热裤、喇叭裤和各种类型的装扮等,一次次引领风靡世界的服装潮流。

三、大众与设计师共同创造流行阶段——20世纪80年代至今

20世纪70年代,英国朋克族的黑皮夹克配牛仔裤、法国摇滚族、美国嬉皮士的T恤配牛仔裤等装扮,都是年轻人自己创造的,从那时开始,就已显露出设计师与消费者共同主宰流行的端倪。自20世纪80年代起,服装款式设计基本是在怀旧与回归中徘徊,创造新颖时装的着眼点已经逐步移向了其载体——面料。消费者追求的是个性化穿着,并不盲从于任何人,这是一个服装款式混杂的时代,长的、短的、宽的、窄的服装无处不在,没有哪个设计师能左右世界的流行。各国设计师阵营不断壮大,世界已形成了五大时装中心——巴黎、伦敦、纽约、米兰和东京。20世纪90年代,老一辈设计师相继退居二线,百年老品牌逐渐由年轻的设计师掌门,他们的灵感来自世界各个民族、各个阶层的服装,甚至街头时装、流浪汉的破衣烂衫等都是他们设计灵感的源泉。可以说,这个时代设计师和大众共同创造着流行。这一阶段的设计师代表有迪奥公司的第五任主设计师约翰·加利亚诺、英国设计师亚历山大·麦克奎恩(Alexander Mcqueen)、法国设计师让·保罗·戈尔捷(Jean Paul Gaultier)、伊夫·圣·洛朗公司的新艺术总监汤姆·福特(Tom Ford)和路易·威登公司的首席设计师马克·雅克布(Marc Jacobs)等。

第二节　影响服装流行的著名设计师

一、高级时装之父——查尔斯·弗莱德·沃斯

图8-1　服装设计师沃斯

查尔斯·弗莱德·沃斯，1826年11月生于英格兰。因生活贫困，12岁的沃斯到伦敦一家布料店工作。1845年，20岁的沃斯只身前往巴黎，在梅索恩·盖奇林纺织品公司任职。1848年2月，法国二月革命爆发，社会极为动荡，而沃斯却在多变的政局下活跃于达官贵人之间，成为上流社会喜爱的设计师。1855年，他以层叠布料取代裙箍设计出衬布裙，受到拿破仑三世欧仁妮皇后的推崇并在宫中流行（图8-1）。

查尔斯·弗莱德·沃斯是首位在欧美出售设计纸样的设计师。1858年，他在巴黎的和平大街开设了时装店。时装店自行设计、出售设计图并销售时装，这标志着服装设计摆脱了宫廷沙龙，突破了乡间裁缝手工艺的局限，开启了服装设计师左右时装潮流的历史。1860年，他被聘为皇室专职服装设计师。1867年，他抬高女装腰线，放宽下摆，将女装设计成宽松曳地的优雅长裙式样，使服装外形发生了重大变化。19世纪70年代，他推出利用前接线分割的紧身女装，塑造了强调胸部到纤细腰部以及下摆稍展宽的公主款式（princess style）。沃斯的另一重要贡献是率先使用时装模特，他认为服装的静态展示无法体现设计师的全部设想。他的设计风格受西班牙画家委拉斯贵支等人作品的影响，偏重于表现华丽、娇艳、奢侈的效果。1885年，"法国高级女装协会"成立，协会的前身是沃斯组织的巴黎第一个高级女装设计师权威机构——时装联合会。他的成功启发了许多设计师，带动了高级时装业的发展，为巴黎成为"世界时装流行中心"和"世界时装发源地"的国际地位奠定了基础。由于查尔斯·弗莱德·沃斯在服装史上的深远影响，其活跃的时代也被称为服装史上"沃斯的时代"。

二、20世纪第一位被称为"革命家"的服装设计师——波尔·波阿莱

波尔·波阿莱，1879年出生于巴黎。他的设计图被当时的高级时装设计师杰克·多赛（Jacques Ducet）看中，1895年进多赛店工作，后又转进查尔斯·弗莱德·沃

图8-2　希腊风格女装　　　　图8-3　霍布尔裙

斯店做设计师。1906年，他推出高腰细长的希腊风格女装，强调"连衣裙的支点不是在腰部，而是在肩部"。他是20世纪第一个摒弃紧身胸衣，把女性肉体从传统风貌中解放出来的女装设计师，他的设计奠定了20世纪流行的基调，在服装史上具有划时代的意义（图8-2）。1910年，他发布了在膝部收紧的霍布尔裙，后来又在收细的裙摆上开了一个长衩，推出穿着长及膝盖的细长统靴，使20世纪女装的设计重点从胸、腰、臀转移到对腿部的表现。受俄罗斯芭蕾舞的影响，他发布了东方色彩强烈的系列作品。波尔·波阿莱对20世纪初的西方服饰流行起到了重要的引领作用（图8-3）。

三、巴黎高级时装业的兴盛及其领军人物——加布里埃·香奈儿

　　第一次世界大战后，经济的繁荣使法国高级时装业出现了第一次兴盛。法国许多著名服装设计师都开办了自己的时装店并拥有了自己的品牌，而作为他们中的领军人物，加布里埃·香奈儿的出现则标志着整个时装业的成熟。加布里埃·香奈儿，1883

图8-4 香奈儿

年生于法国。她自幼生活艰辛，1908年她来到巴黎，出售自制的帽子。1914年，香奈儿用男士的套头衫和水手装设计出女性套头上衣。套头女装使她一举成名，1916年，香奈儿举办第一次服装发布会。她设计的服装以平针织物为主，没有繁琐的装饰，利落而清新自然地表现出女性身体的线条，成功地奠定了她在时装界的主导地位。1922年，她推出独特的香奈儿5号香水，又一次引起震撼。这表明，香奈儿不单在设计时装，同时也在创造一种风格、一种生活方式、一种不随波逐流而能不断创新的人生哲学。1926—1931年，香奈儿的设计渐趋英国化。1939年，年近60的香奈儿因战争一度辍业，闲居瑞士。

1954年，香奈儿复出并运用以往设计方式成功地设计了"黑色小礼服"（图8-4）。香奈儿的传世经典对襟两件和三件套装最初问世于第一次世界大战之际，一直流传到1939年，五六十年代再次推出仍风行不衰，具有实用、机能、朴素的特点，这是她对人类的一个了不起的贡献，在某种程度上可以与发明电灯的爱迪生相提并论（图8-5、图8-6）。

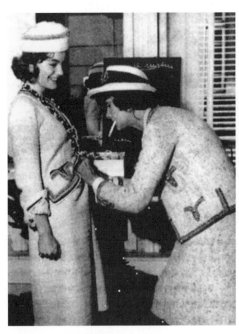

图8-5 香奈儿套装一

图8-6 香奈儿套装二

四、艾尔莎·夏帕瑞丽

20世纪30年代的时装大师艾尔莎·夏帕瑞丽（Elsa Schiaparelli），给那个时代带来朝气、俏皮、优美的服饰。她突破了高级时装的种种禁区，创造出具有优美曲线造型的女装。夏帕瑞丽是一个"会做衣裳的画家"，她使服装更具有艺术性和现代艺术的魅力。1927年，夏帕瑞丽进入巴黎时装界，其成名作是一件黑白两色的针织套衫。在服装面料方面她要求十分严格，她常把超现实主义和未来主义画家的画、非洲黑人的图腾、文身的纹样、各种抽象图案作为面料装饰印在花布上。她是第一个将拉链用到时装上的设计师，也是第一个把化纤织物带入高级时装界的设计师。夏帕瑞丽的设计十分重视服装的舒适与合体。她对服装造型的理解如同一位雕塑家，而她对色彩的感受，则又像一位现代画家。

五、克里斯特巴尔·巴伦夏加

克里斯特巴尔·巴伦夏加，1895年出生于西班牙。巴伦夏加被誉为"裁缝中的裁缝"，他非常注重衣服的舒适性。他最大的成功就是在服装与人之间、现实与抽象之间创造和谐的舒适感。他运用简洁的剪裁技术设计的外套代表了一种精粹和果断的时装大师品格。在时装的历史中，没有一个设计师像巴伦夏加那样创立了如此之多的"服装标志"，把"女性之肩"、"袖裆技术"、"和式翻领"和"镂空的金属扣"等都融入了他的经典设计中，使我们从他的技术中获得无尽的艺术享受。在众多著名的服装设计师中，注意肩、研究肩的只有巴伦夏加。在他看来，服装艺术可以无"身"，但不可以无"肩"，他设计的披肩常带有浓郁的西班牙风格。

六、克里斯汀·迪奥

第二次世界大战后，饱受战争摧残的人们渴望和平，克里斯汀·迪奥以敏锐的感觉抓住时代变革的契机，适时推出了崭新的服装造型来满足人们的需求。1947年，迪奥推出作品"新风貌"（New Look）并一举成名，迎来了20世纪50年代巴黎支配世界流行的第二次鼎盛期。从1947年到1957年，迪奥每个季节都以别出心裁的独特服装外形吸引着全世界的时髦女性，支配着高级时装界，赢得了"时装之王""时装界的独裁者"等美誉。由于迪奥一生都在追求服装外形的变化，因此把迪奥时代称作"形的时代"。

七、安德烈·库雷热

安德烈·库雷热，1923年生于法国。1945年，师从巴伦夏加，1961年开设自己的高级时装店。20世纪60年代是库雷热的走红期,他的种种设计被誉为青春的化身,1965年推出"迷你风貌"更使他蜚声国际。1969年后,他的成衣产品线使普通时尚爱好者有了享用的机会。20世纪70年代起逐渐淡出服装界。库雷热对20世纪60年代的服装变革所起的作用如同波阿莱在世纪初所取得的成就一样,他十分清楚地知道女性的需要,能够设计出她们渴望的产品。这些服装完全抛弃了以往的设计观念,专门为现代女性设计,切实符合她们的生活方式要求。库雷热最成功的作品集中在1963年和1964年的时装发布中,他选用品质上好的斜纹布,色彩鲜艳明快的羊毛平纹织物搭配黑白相间的条纹面料,款式的造型为明显的"A"字型,忽略对腰线的强调。长至小腿中部的短靴和帽沿微微上卷的方形帽子都带有明显的男性化特征。库雷热以自己独特的率直和简洁塑造了充满活力、天真单纯的年轻女性形象。库雷热在20世纪60年代中期的另一项重要的设计就是肯定了裤子在高级女装中的地位。

八、皮尔·卡丹

皮尔·卡丹,1922年生于意大利。14岁开始学习裁缝,23岁到巴黎,先后在夏帕瑞丽、巴尔曼和迪奥等人的设计室工作。1950年开设了自己的公司,为剧院设计面具及剧装。1951年开始推出自己的时装系列,1954年和1957年先后创设了以年轻人为对象的女装"夏娃"、男装"亚当"服饰店。1958年设计出全世界第一个无性别服装系列,受到广泛的欢迎。1959年,皮尔·卡丹率先推出了成衣套装。1960年举办男装发布会,第一次打破高级时装店不得经营男装的禁忌。皮尔·卡丹十分具有时代意识,1964年就设计了太空系列服装。1979年进军中国,成为第一个进入中国的西方设计师。皮尔·卡丹注重裁剪的主体质感及整体结构,在设计中强调整体和局部的统一,他的作品造型简洁、外观鲜明,对服装的细部精心处理。皮尔·卡丹的成功在于他坚持开拓自己的设计方向,20世纪50年代中期其革新性初见端倪,到60年代他已成为前卫派设计师的领导者之一,被誉为法国时装界的"先锋派"。皮尔·卡丹在服装经营策略上以出奇制胜而著称,他设计的法国第一个批量生产的成衣时装系列打破了高级时装占主导地位的市场格局。

九、伊夫·圣·洛朗

伊夫·圣·洛朗,1936年生于阿尔及利亚。他17岁便被世界知名的时尚杂志 *Vogue* 发掘,被誉为神童。21岁继任迪奥工作室的首席设计师。1966年,他在巴黎塞纳河左岸开设第一家成衣服饰店,名为"左岸",并以自己姓名中的三个大写字母"YSL"作为品牌名称。伊夫·圣·洛朗善于将艺术、文化等多元因素融于服装设计中,尤其擅长将绘画色彩用于服装上,他的对比色运用精妙绝伦,无人企及。他的创作主题广泛、题材多样,其提炼素材的手法圆熟而精到。伊夫·圣·洛朗的服装产品分为三个层次:第一层次是高级时装,服务对象是全球仅几千名的富豪们,其用料奢华、加工讲究、价格昂贵,是常人难以接受的。第二层次是成衣,是将某些高级时装的设计简化而成,它使成衣更实用、方便。第三层次为品牌许可产品,通常是日常服装产品。伊夫·圣·洛朗的整体形象是一致的,始终保持法国时装的优雅风采,优雅、完美是伊夫·圣·洛朗毕生的追求。

十、三宅一生

三宅一生,1938年生于日本。他对布料的处理与运用堪称一绝,他运用"皱褶"的方式来处理布料,颠覆了西方传统的服饰美学观点,开创了衣服的"皱"也能成为一件"完美而新"的服装。三宅一生在裁剪方面也独具特色,他简约、单纯的裁剪方式展现出独特的意境美。三宅一生特别强调"人、布、衣服"三者与"自然"的关系,在他的作品里经常看到他巧妙地借用自然物件进行设计。款式设计上,他设计开发出让穿着者可自由变化的穿法。三宅一生除了把服装当成一件雕塑品来经营与表现之外,他在导入东方物质文化之际,又能巧妙地兼顾国际前卫性的审美观点。

十一、维维安·维斯特伍德

维维安·维斯特伍德,1941年出生于英国。她青年时代正好历经20世纪六七十年代以及文化大变动时期,闻名于世的伦敦街头文化对她影响显著。她是历史上与"朋克"联系最为密切的时装设计师,她的设计带有强烈的摇滚和朋克服饰特征。维维安·维斯特伍德素有"时装妖后"之称,其设计怪招频出、不循常规,因而倍受争议,并在时装界独树一帜。她给我们太多的灵感和启发,她坚持时装就要体现性感,她从不认为穿着时装是为了舒适。她一次又一次通过作品展现她那不同凡响的创造力,最终成为时装界举足轻重的设计大师,赢得"朋克之母"的称号。

十二、卡尔·拉格菲尔德

卡尔·拉格菲尔德,是德国出生的法国时装设计师。他20多岁开始为法国的克洛耶(Chloé)和意大利的芬迪(Fendi)工作。长期以来,他坚持做一个独立的自由设计师,并不急于成立自己的公司。拉格菲尔德与其他设计师的不同在于他满足在其他名牌公司从事设计,并不刻意打自己的招牌。拉格菲尔德的最大成就在于重新振兴香奈儿式的雅致时装。1983年他受聘于香奈儿公司,负责时装部门的设计工作,这一年,他在香奈儿时装中心推出了自己的新系列,是他对香奈儿风格的诠释和发展。在这个系列中,他完全恢复和发展了香奈儿的设计,使香奈儿的设计在20世纪末重新熠熠生辉。这是任何人都没有想到的,因为对于大多数人来说,香奈儿已经成为史迹,不可能重新复活。而卡尔·拉格菲尔德却从香奈儿的设计中看到合理的东西,也了解到当今女性还是希望既舒适又有女人味,同时还要高贵雅致,而香奈儿的设计正包含了这些因素,他把这些因素发扬光大。

十三、乔治·阿玛尼

乔治·阿玛尼,1934年生于意大利。1954年进入米兰百货公司,负责橱窗布置的工作,那是他与服装产业的第一次接触。1961年,乔治·阿玛尼以一名设计师身份加盟"凯若帝王国"时装公司。1974年他创立了自己的男装品牌,所设计的男装取得了空前的成功,成为美国最大的欧洲设计师品牌销售线。他的第一个设计主要着手于对传统男夹克的简化。之后,他开始将目光投向女装设计,他把男士的服装元素当作一个出发点,在此基础上进行新的创造,从而创造了一种可以被人接受的中性女装式样,这使男装和女装在裁减工艺上不再泾渭分明。为了增加服装的种类和功能,他还致力于成衣的改造和借鉴。在面料选用上,他也毫不含糊,他喜欢使用那些高品质的昂贵面料,织物上的图案常由他专门设计。因此,他的服装价格不菲。乔治·阿玛尼的服装既不是传统的,也不是时髦的,它巧妙地平衡于两者之间。他的设计看上去和流行没什么关系,当其他设计师每年忙于迎合流行时,阿玛尼却只对设计稍作一些合理的改动,因为他相信服装的质量更甚于款式的更新。

十四、让·保罗·戈尔捷

让·保罗·戈尔捷,1952年出生于法国,被喻为"时装界顽童"。1976年,在巴黎推出首次成衣展。1977年创立了自己的时装品牌。让·保罗·戈尔捷的个人设计风格创新大胆,他的服装设计领域完全没有界限,他试过将裙子穿于长裤之外、以内衣当作外衣穿、以钟乳石装饰牛仔裤、以薄纱做成棉花糖般的衣服。1983年,他将外衣和内衣配搭,将既定的概念大肆颠倒;1984年,他因设计炸弹状的胸衣而再次闻名。1985年,他将男和女的传统区分颠倒,将各方的文化结合于他的设计当中,如以印度纱丽服配短裤等。如今,让·保罗·戈尔捷品牌已进入英国、俄罗斯、日本、新加坡、印度、中国等市场。

十五、卡尔文·克莱恩

卡尔文·克莱恩(Calvin Klein)，1942年出生于美国。1968年，卡尔文·克莱恩在纽约创立CK公司，1973年，他发表了第一次服装秀，但没有引起大家的关注，之后，他将其服装带到法国境内，在男装界激起了波澜。卡尔文·克莱恩说他要为活跃于社交和家庭生活，并在其中求取平衡的现代女性设计服装。她们是一群重视心灵，看起来亲切善良，但没有太多时间耗在穿衣镜前的女性，她们想要一种轻松、休闲而优雅的服饰，相信这就是未来时尚所趋。从1968年建立自己的公司到现在，卡尔文·克莱恩已在时装界纵横了40多年，他被认为是当今美国时尚的代表人物。他认为今日的美国时尚是现代、极简、舒适、华丽、休闲又不失优雅气息，这也是卡尔文·克莱恩的设计哲学。

第九章

服装流行与服装品牌

第一节　服装流行与服装品牌的关系

有品牌者得市场,有市场者得天下。在凭品牌消费的服装业,品牌显得尤为重要。服装品牌是对人们情感诉求的表达,它反映了一种生活方式、生活态度和消费观念。服装发展到今天,简单的蔽体及保暖功能已经远远不能满足消费者的个性化需求了。服装带给人们的是一种穿着体验,这种体验使消费者自身的身份、个性得以完美地诠释。因而一个品牌的价值不仅在于物质层面,更多的是在精神层面、文化层面。判断一个品牌是否成功,除了看它是否具有较高的知名度和美誉度外,更应该透过现象看本质——品牌的文化内涵。

流行的车轮像是一股无形的力量推动着服装不断向前发展,著名品牌的服装设计师们每一季都会大动脑筋,花样翻新地为人们提供最为时尚、流行的服饰。每年秋冬、春夏两次的流行发布会后不久,街上的精品店、专卖店、大商场的专卖区就会为人们展示应季的时髦服装。几乎同时,一些不知名或根本没名的小零售店,也会挂出这样那样品质参差不齐的流行服装来满足不同层次消费者的需要。追求品位的人们依然会到那些他们信赖的品牌专卖店选购最新的服装。因为那里提供的不仅仅是时髦的服饰,还有周到细致的服务,更重要的是一种生活品位、一种文化内涵的象征。

21世纪是品牌的世纪,21世纪的市场竞争是品牌的竞争。好的品牌具有优良的品质,它是信誉的象征,是企业和产品的知名度、美誉度、信赖度、忠诚度等的综合体现。对企业来说,成功的品牌是不可估量的无形资产。每个品牌都有自己特有的风格特征,一味追求流行而失去固有风格将会给品牌造成致命伤害,因此两者结合是至关重要的,要让流行的元素跟自己品牌的固有风格融合起来,在追逐流行的同时,还要固守住品牌的特色。在现代服装企业的竞争中,竞争日益从单质、单项要素中脱胎,而逐渐进入系统的品牌竞争,品牌的系统性、个性化、持续性等都将成为现在乃至未来服装品牌竞争的焦点。只有审时度势、顺势而为,才能让品牌常变常新,与服饰流行合拍。在服装品牌发展史上,有许多著名服装品牌正是成功地做到了这一点,才成为引导流行的常青树,在时尚舞台上留下了完美的足迹。

第二节　影响服装流行的著名服装品牌

　　自19世纪英国人查尔斯·弗莱德·沃斯创立高级时装店以来的160余年中,产生了诸多服装品牌,这些品牌在自身发展壮大的过程中,同时也对世界服饰流行产生了重要的影响。

一、法国的著名服装品牌

1. 香奈儿(Chanel)

创始人:加布里埃·香奈儿(Gabrielle Chanel)

创始时间:1913年

创始地:法国巴黎

　　香奈儿是一个拥有百余年历史的著名品牌,其时装具有高雅、简洁、精美的艺术风格。设计师香奈儿善于突破传统,并将女装推向简单、舒适。香奈儿最了解女人,在欧美上流女性社会中流传一句话:"当你找不到合适的服装时,就穿香奈儿套装"。香奈儿通过混合男性和女性风格的时装,不仅给穿戴者以"隐秘的性感",还给如今时装界确立了风格和品味的典范。香奈儿认为性感的女人必须独立、创新、具有反叛精神。她最早将女性从繁琐的服饰中解放出来,打破传统模式,创造了一种全新表达自我的设计方式。她的时装不仅设计雅致而且剪裁独特,流畅的线条创造了女性活泼、自由、清新的新形象(图9−1～图9−4)

图9−1　香奈儿品牌的双"C"标志

79

图9-2 早期香奈儿品牌服装
图9-3 香奈儿品牌服装一
图9-4 香奈儿品牌服装二

图9-5 迪奥品牌服装一

2. 迪奥（Dior）

创始人：克里斯汀·迪奥（Christian Dior）

创始时间：1946年

创始地：法国

克里斯汀·迪奥是绚丽的高级女装的代名词，它选用高档、华丽的面料来表现光彩夺目的高雅女装。它继承着法国高级女装的传统，始终保持高级华丽的设计路线，做工精细，符合上流社会成熟女性的审美品味。迪奥品牌象征着法国时装文化的最高精神。迪奥品牌注重服装的女性造型线条，迪奥时装风格鲜明：裙长而不曳地，强调女性隆胸丰臀、腰肢纤细、肩形柔美的曲线，给人留下深刻的印象。迪奥品牌的晚装豪华、奢侈，在传说和创意、古典和现代、硬朗和柔情中寻求统一（图9-5～图9-8）。

图9-6　迪奥品牌服装二

图9-7　迪奥品牌服装三

图9-8　迪奥品牌服装四

3. 爱马仕（Hermès）

创始人：蒂埃利·爱马仕（Thierry Hermès）

创始时间：1837年

创始地：法国巴黎

爱马仕的一贯宗旨是让所有的产品至精至美、无可挑剔，爱马仕已成为时尚领域最著名的品牌之一。爱马仕的产品是品位高尚、内涵丰富、工艺精湛的艺术品。在爱马仕所有产品中，最著名、最畅销的属精美绝伦的丝巾。爱马仕丝巾质地华美，有细细的直纹。另外，皮带也是爱马仕最成功的产品之一，严谨的制作是它金贵的原因。爱马仕女装没有繁复的设计，却彰显出优雅的气质，同时展现出服装的机能性与舒适性（图9-9、图9-10）。

图9-9　爱马仕服饰

图9-10　爱马仕品牌服装

4. 巴黎世家（Balenciaga）

创始人：克里斯特巴尔·巴伦夏加（Cristobal Balenciaga）

创始时间：1937年

创始地：法国巴黎

巴黎世家自创始以来始终保持着完美剪裁及高贵的格调，坚持着简洁清纯、年轻优雅和造型考究的设计理念，而其不断创新的精神又为这一古老品牌注入了时尚气息。能在竞争激烈的服装界成为屈指可数的名牌，巴黎世家自然有其独到之处，巴黎世家非常注重面料的选择，在色彩上，巴黎世家把黑色及黑白相间运用得得心应手。此外，精于缝制更是巴黎世家服装的特色，斜裁是其拿手好戏。以此起彼伏的流动线条强调人体的特定性感部位，结构上总是保持在服装宽度与合体之间，穿着舒适而美观。巴黎世家服装外形简单、大方，各处细部的微妙变化像和谐的音乐。因此，巴黎世家的格调普遍受到那些偏爱简洁服装人士的推崇（图9-11～图9-14）。

5. 鳄鱼（LACOSTE）

创始人：何内·拉科斯特（Rene Lacoste）

创始时间：1933年

创始地：法国

图9-11　巴黎世家品牌服装一

图9-12　巴黎世家品牌服装二

图9-13　巴黎世家品牌服装三

图9-14　巴黎世家品牌服装四

鳄鱼得名于法国著名网球选手拉科斯特。20世纪30年代，网球场上的标准穿着是白色法兰绒裤子、机织布钮扣衬衫、卷起的袖子。拉科斯特对这个传统提出了挑战，在比赛时穿上短袖针织衫，上面绣上鳄鱼标记。这种衣着在比赛中既舒服又美观，短袖子解决了长袖卷挽经常掉下来的问题，领子柔软翻倒，针织棉套衫透气性好，而稍长些的衬衫下摆塞在裤里可以防止衬衫滑脱出来。拉科斯特从网坛退役后，鳄鱼牌运动衫开始进入批量生产和销售，并在衣服的左胸绣鳄鱼标记。拉科斯特的名望使鳄鱼衬衫迅速推广，尤其在美国。20世纪50年代，鳄鱼把美国高尔夫衫上的色彩运用到自己的衬衫上。20世纪60年代后期，为了提高产量，采用易打理的"大可纶"牌聚酯双纱织造，色彩紧跟时尚，有时甚至有点异想天开，制造出一种穿旧的掉色的效果，鳄鱼衬衫成为体育和休闲穿着的固定款式。20世纪70年代，鳄鱼衬衫更加普及流行，拥有鳄鱼衬衫是一种身份的象征。自2000年，鳄鱼开始了全球范围内的形象和产品的青春化大转变，其设计师从街头时装中汲取灵感，融合年轻一代的穿衣哲学和搭配理念，改革了鳄鱼原有的设计风格，为鳄鱼注入了青春活力（图9-15、图9-16）。

图9-15　鳄鱼品牌服装一　　　　　图9-16　鳄鱼品牌服装二

6. 莲娜丽姿（Nina Ricci）

创始人：莲娜·丽姿（Nina Ricci）

创始时间：1932年

创始地：法国

莲娜丽姿是20世纪30年代巴黎最杰出的服装设计师之一。莲娜丽姿的服装以别致的外观、古典且极度女性化的风格深受欢迎。Nina Ricci被誉为"裙装的建筑师"，她首创的立体裁剪（将布料缠在模特身上直接裁剪）保证了服装在穿着过程中的流线性，使她的作品近似雕刻。她的设计宗旨是"因人而易、因时而易、因地而易""套装以简约为妙，注重制作精致，近观不失其华贵，远观又不失其年轻"（图9-17～图9-20）。

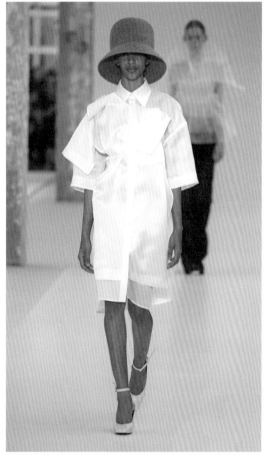

图9-17 莲娜丽姿品牌服装一　　　　图9-18 莲娜丽姿品牌服装二

图9-19　莲娜丽姿品牌服装三　　　图9-20　莲娜丽姿品牌服装四

7. 皮尔·卡丹（Pierre Cardin）

创始人：皮尔·卡丹（Pierre Cardin）

创始时间：1950年

创始地：法国

皮尔·卡丹是服装界成功的典范，也是一个闻名全球的品牌。大胆突破始终是皮尔·卡丹品牌设计思想的中心。他运用自己的精湛技术和艺术修养，将稀奇古怪的款式设计和对布料的理解与褶皱、几何图形巧妙地融为一体，创造了突破传统而走向时尚的新形象。他设计的男装无领夹克、哥萨克领衬衣、卷边花呢帽等，为男士装束赢得了更大的自由。他的女装擅用鲜艳强烈的红、黄、钴蓝、湖绿、青紫，其纯度、明度、彩度都格外饱和，加上款式造型夸张，颇具现代雕塑感。1964年，他参考宇航员的装束，创造了铠甲式的针织"宇宙装"，为时装界带来了赏心悦目的新面貌（图9-21）。

图9-21 皮尔·卡丹品牌服装

8. 伊夫·圣·洛朗(Yve Saint Laurent)

创始人:伊夫·圣·洛朗(Yve Saint Laurent)

创始时间:1962年

创始地:法国

伊天·圣·洛朗的服装设计既前卫又古典,设计师伊夫·圣·洛朗擅于调整人体体型的缺陷,常将艺术、文化等多元因素融于服装设计中,汲取敏锐而丰富的灵感,自始至终力求高级女装如艺术品般地完美。伊夫·圣·洛朗的服装用料奢华,加工讲究,价格昂贵,是常人所难以接受的。优雅、完美是伊夫·圣·洛朗毕生的追求,高尚的气质、华贵的仪表,是品牌永久的形象。伊夫·圣·洛朗勇于挑战传统权威,创新各种新线条,从1957年开始,他所设计的郁金香线条、喇叭裤、喇叭裙线、水手服、骑士装、鲁宾逊装、长筒靴、嬉皮装、中性装等,到今天仍是设计师们

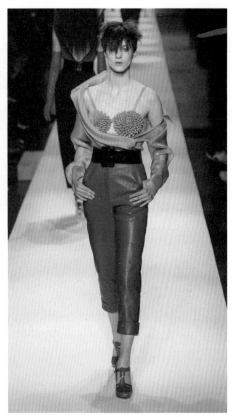

图9－22　伊夫·圣·洛朗与模特
图9－23　让·保罗·戈尔捷品牌服装一

创作时的灵感源泉。伊夫·圣·洛朗品牌始终传达着高雅、神秘以及热情的品牌精神（图9－22）。

9. 让·保罗·戈尔捷（Jean Paul Gaultier）

创始人：让·保罗·戈尔捷（Jean Paul Gaultier）

创始时间：1976年

创始地：法国

戈尔捷的设计理念是最基本的服装款式加上"破坏"处理，撕毁、打结、加上各种装饰物或融合民族服饰元素，充分展现夸张、诙谐，把前卫、古典和奇风异俗混合得令人叹为观止。1976年，在巴黎推出首个成衣展，重新审视生活周围的一切物品，动摇所有素材间原本的分别。20世纪80年代中期后，他进一步挑战男女性别的界限，对性意识提出强烈质疑。品牌拥有高级成衣系列Jean Paul Gaultier、高级订制服系列Gaultier Paris、还有中性副牌JPG。品牌之外，他还大量替舞台剧及电影设计剧服。串连起这一切的则是设计师永不停止的调皮精神，一面不断地对时尚规范发出挑战，一面寻求回归传统的精神，这种混合和不确定性正刻画着Jean Paul Gaultier的品牌内涵（图9－23～图9－25）。

图9-24 让·保罗·戈尔捷品牌服装二

图9-25 让·保罗·戈尔捷品牌服装三

10. 路易·威登(Louis Vuitton)

创始人：路易·威登(Louis Vuitton)

创始时间：1854年

创始地：法国

路易·威登为人所熟知的是其品牌的首字母的大写字母组合LV。1854年，路易·威登创造了LV图案的第一代，此后，大写字母组合LV的图案就一直是LV皮具的象征符号，至今历久不衰。从早期的LV衣箱到如今每年巴黎T台上的不断变幻的LV时装秀，路易·威登一直屹立于国际时尚行业顶端地位。路易·威登高度尊重和珍视自己的品牌，该品牌不仅以其创始人路易·威登的名字命名，而且继承了他追求品质、精益求精的态度，并不断地为品牌增加新的内涵。路易·威登的另一个成功秘诀就是力求为尊贵的顾客营造一种"家庭"的感觉。路易·威登品牌的产品可以代代相传，无论什么时候你把LV的产品拿来修理养护，路易·威登专卖店都是责无旁贷地尽心尽力予以帮助。让一家三代能持续地拥有一个品牌的产品，这对于一个品牌生命力的延续意义非常重大（图9-26、图9-27）。

图9-26　路易·威登品牌服装一　　　　图9-27　路易·威登品牌服装二

11. 索尼亚·里基尔（Sonia Rykiel）

创始人：索尼亚·里基尔（Sonia Rykiel）

创始时间：1968年

创始地：法国

索尼亚·里基尔是成熟女士时装的代表，作为品牌的创始人，索尼亚·里基尔具有"针织女王"的美称。她所设计的针织服装具有柔和、舒适以及兼具性感的无限魅力。1968年，里基尔在巴黎开设了服饰店。她的设计思想相当活跃自由，勇于向传统的设计方式挑战，常常把自己不断接受的新思想运用到时装设计上。20世纪70年代，索尼亚·里基尔设计第一件贴身毛衣时，去除了多余的褶裥与内衬布，在当时很多人都不赞同她的想法，但是她坚持认为这样的毛衣穿在女人身上会使她们更加美丽，为妇女开创了穿衣新方式，使欧洲的职业或家庭妇女们爱上了自由而又得体的针织服装。她发明了把接缝及锁边裸露在外的服装，她去掉了女装的里子，她甚至于不处理裙子的下摆。在她每季的纯黑色服装表演台上，鲜艳的针织品、闪光的金属扣、丝绒大衣、真丝宽松裤以及黑色羊毛紧身短裙都散发出令人惊叹的魅力。里基尔不仅醉心于已发表作品的组

图9-28 索尼亚·里基尔品牌服装

合创作，还喜欢在每个季节拿出新款式与以前的里基尔服饰相配合。凭借这些超乎寻常的设计技巧，里基尔成功造就了一个充满了女性特质及无限浪漫的索尼亚·里基尔精品王国（图9-28）。

二、意大利的著名服装品牌

1. 范思哲（Versace）

创始人：詹尼·范思哲（Gianni Versace）

创始时间：1978年

创始地：意大利米兰

范思哲品牌创立于1978年，品牌Logo是神话中的蛇妖美杜莎，代表着致命的吸引力。这个创造了时尚帝国的品牌，以其鲜明的设计风格、独特的美感、极强的先锋艺术风靡全球。范思哲的设计风格非常鲜明，强调快乐与性感，女式服装的领口常开到腰部以下并融合了古典贵族风格的豪华、奢丽。范思哲的设计师们还特别善于采用高贵豪华的面料，借助斜裁方式在生硬的几何线条与柔和的身体曲线间巧妙过渡。在男装上，范思哲品牌服装以皮革缠绕成衣，创造一种大胆、雄伟甚至有点放荡的轮廓，而在尺寸上则略有宽松而感觉舒适。范思哲品牌主要服务对象是皇室贵族和明星，其中女晚装是范思哲的精髓和灵魂（图9－29～图9－31）。

图9－29　范思哲品牌服装一
图9－30　范思哲品牌服装二
图9－31　范思哲品牌服装三

2. 古琦（Gucci）

创始人：古琦奥·古琦（Guccio Gucci）

创始时间：1923年

创始地：意大利佛罗伦萨

古琦品牌以简约时尚的设计备受商界精英的追捧。该品牌最常见的标识是以品牌创始人的名字设计成的图案，黑底白字，简洁典雅。此外，还有绿红绿花纹、银色Gucci标志、竹节手柄等标识。20世纪初，古琦制作的马鞍肚带上就已饰上绿红绿布带，后来这种绿红绿花纹被使用在行李箱上作识别花纹，这是古琦历史上最早的标识设计。1950年，古琦将它作为品牌标识正式推出，天然原色真皮产品上标的是绿-红-绿的色带，染色后的真皮皮具上标的是对比柔和的蓝-红-蓝的色带，现在我们在牛仔裤管内里、缝边、腰带、皮件背带与皮鞋上都可见到这样的花纹。以"Gucci"作标志，开始是金色，1994年古琦以年轻化的全新形象面向大众，改为银色。20世纪50年代，公司采用了双G字母的标志，这是依据使用的双G帆布的全棉织物设计出来的，这个标志在服装、配饰以及行李袋上广泛使用，也作为图案出现在服饰品的设计中。以竹节作为手袋的手柄，是第二次世界大战时因为物资缺乏的应急之举，之后却成为古琦的经典标志之一。古琦品牌时装一向以高档、豪华、性感而闻名于世，以"身份与财富之象征"的品牌形象成为上流社会的消费宠儿（图9-32～图9-33）。

图9-32 古琦品牌服装一　　　　图9-33 古琦品牌服装二

图9-34　芬迪品牌服装

3. 芬迪（Fendi）

创始人：爱德拉·卡萨格兰德（Addle Casagrande）、爱德华多·芬迪（Edoardo Fendi）

创始时间：1925年

创始地：意大利罗马

芬迪品牌经营范围包括针织服装、泳装、成衣等品类，甚至开发了珠宝、男用香水等，但芬迪品牌仍以其毛皮类服装在时装界享有盛名。自1962年聘用德裔设计师卡尔·拉格菲尔德以来，芬迪品牌更以其富有戏剧性的毛皮服装获得全球时装界的瞩目及好评，拉格菲尔德与芬迪合作的以双F字母为标识的混合系列是继法国香奈儿的双C字母与意大利古琦的双G字母后，又一个在时装界中众人皆知的双字母标志（图9-34）。

4. 米索尼（Missoni）

创始人：米索尼夫妇

创始时间：1953年

创始地：意大利

以针织著称的米索尼品牌有着典型的风格特征：色彩＋条纹＋针织，这使米索尼时装看起来就是一件令人爱不释手的艺术品。米索尼的风格基本上是由色彩决定的，它不是某种特定的色彩而是色彩本身，是其纯粹简洁的应用。对于许多品牌来说，色彩只是可添加的一种元素，对米索尼来说，色彩是每种设计、每种造型的基础，色彩可以给织物带来活力，而且通过服装的诠释表达出含义。尽管米索尼的服装色彩复杂，但在设计师的掌控下总能呈现出和谐之美。米索尼条纹最早来源于运动，因为米索尼最早拥有的机器是用来制作运动服的，只能生产单一色调或条纹的针织服装，后来条纹成为米索尼的标志性风格（图9-35）。

图9-35　米索尼品牌服装

5. 普拉达（Prada）

创始人：马里奥·普拉达（Mario Prada）

创始时间：1913年

创始地：意大利

创立人马里奥·普拉达最早是从皮件产品起家的。1978年，马里奥孙女缪科雅·普拉达（Miuccia Prada）开始接管家族事业。在20世纪90年代的"崇尚极简"风潮中，缪科雅所擅长的简洁、冷静设计风格成为了时尚的主流，因此经常以制服作为灵感的Prada所设计出的服装成为极简时尚的代表符号之一，其服装产业如日中天。Miuccia的设计总是带着反潮流的前卫性，这使她的设计总能脱颖而出。缪科雅擅长将各种元素组合得恰到好处，精细与粗糙，天然与人造，不同质材、肌理的面料统一于自然的色彩中，艺术气质极浓。1992年她推出了以自己小名命名的副牌MIU MIU，在更加率性自我的空间里发掘女人深层本色（图9－36、图9－37）。

图9－36　普拉达品牌服装一

图9-37　普拉达品牌服装二

6. 乔治·阿玛尼（Giorgio Armani）

创始人：乔治·阿玛尼（Giorgio Armani）

创始时间：1974年

创始地：意大利米兰

　　乔治·阿玛尼在国际时装界是一个富有魅力的传奇人物，他设计的时装优雅含蓄、大方简洁，做工考究，代表了意大利时装的风格。阿玛尼品牌的时装在大众心目中已超出其本身的意义，成为了事业有成和现代生活方式的象征。阿玛尼的男装、女装都有一个共同特点，穿起来潇洒自如，没有拘谨、造作之感。给予他这种影响的是大洋彼岸的美国，他说："对我设计影响最大的，是来自美国校园里的便装和运动装，它看上去很简单，但当时的欧洲却没有。"正因为这种貌似简朴、实为讲究的含蓄品味，令许多有教养、有品味或性格沉静、事业有成的人士纷纷追随。阿玛尼最为人称道的革新是20世纪80年代初在女装上的成就，当时的服装界流行伊夫·圣·洛朗式的女装原则，多为修身的窄细线条，而阿玛尼大胆地将传统男西服特点融入女装设计中，将其身线

图9-38 阿玛尼品牌服装

拓宽,创造出划时代的圆肩造型,加上无结构的运动衫、宽松的便装裤,给80年代的时装界吹来一股轻松自然之风。20世纪90年代,阿玛尼的创作更趋成熟,他认为浮华夸张已不再是今日潮流,即使是高级晚装也应保持含蓄内敛的矜持之美。优雅、简单、追求高品质而不炫耀,"看似简单,又包含无限"是阿玛尼赋予品牌的精神,使他成为影响"极简主义"的重要人物。他的设计并不启发人们童话式的梦想,他追求的是自我价值的肯定和实现,他的服装给予女人的是自信,并使人深切地感受到自身的重要。时至今日,阿玛尼公司的业务已遍及了一百多个国家(图9-38)。

三、英国的著名服装品牌

1. 巴宝莉(Burberry)

创始人:托马斯·巴宝莉(Thomas Burberry)

创始时间:1856年

图9-39　巴宝莉品牌服装

创始地：英国贝辛斯托克

巴宝莉是英国老资历的服装品牌，1835年托马斯·巴宝莉设计了一种防水服装，称为"轧别丁"，因为爱德华七世的习惯性命令"给我巴宝莉"而得名"巴宝莉"。早期的猎装和钓鱼装必须要有理想的防风雨效果，有良好的透气性，巴宝莉服装满足了这一要求，提供优异的服用性能。汽车发明后，巴宝莉马上推出驾驶穿着的男装、女装，不管是敞篷汽车还是封闭汽车，巴宝莉都能调整自己与之相适应，满足不同人的口味和风格。实际上，满足顾客对"品味和风格的要求"正是巴宝莉设计的源动力。传统的"巴宝莉格子"以及"新豪斯格"受到英国商标管理局的登记保护，目前已广泛应用在巴宝莉设计上，以Prorsum Horse（普朗休·豪斯）为商标的系列配件、箱包、化妆品以及在瑞士制造的手表也都是典型的巴宝莉风格特征。如今，巴宝莉这个典型传统英国风格品牌已在世界上家喻户晓。它就像一个穿着盔甲的武士一样，保护着大不列颠联合王国的服装文化（图9-39）。

2. 维维安·维斯特伍德（Vivienne Westwood）

创始人：维维安·维斯特伍德（Vivienne Westwood）

创始时间：1970年

创始地：英国

维维安·维斯特伍德品牌是由英国时装设计师维维安·维斯特伍德创立。维维安·维斯特伍德被称为时装界的"朋克之母"，创造与叛逆一直是她生活中心的所在。她以彻底否定的粗暴方式给予法国传统高级时装以极大打击，同时也为英国时装在国际时装界争得了一席之地。她从传统历史服装里取材，转化为现代风格的设计手法，她不断将十七八世纪传统服饰里的特质拿来加以演绎，以特别的手法将街头流行成功地带入时尚的领域，她将苏格兰格子纹的魅力发挥的淋漓尽致。20世纪80年代初期，她的设计风格开始脱离强烈的社会意识和政治批判，重视剪裁及材质运用，早期所发表的多重波浪的裙子、荷叶滚边、皮带盘扣海盗

图9-40　维维安·维斯特伍德品牌服装

帽和长统靴等都带有浪漫色彩的海盗风格，一跃上国际流行舞台立即备受注目。80年代中期，她开始探索古典及英国的传统。90年代，她设计出不规则的剪裁、结构夸张繁复的无厘头穿搭方式、不同材质和花色的对比搭配等，这已经成为她的独特风格（图9-40）。

四、美国的著名服装品牌

1. 安娜·苏（Anna Sui）

创始人：安娜·苏（Anna Sui）

创始时间：1980年

创始地：美国纽约

安娜·苏是第三代美籍华裔，1955年生于美国底特律。1996年，安娜·苏在东京开设亚洲第一家精品店，并在日本掀起紫色旋风。安娜·苏的产品具有极强的迷惑

图9-41　安娜·苏品牌服装一　　　　图9-42　安娜·苏品牌服装二

力，无论服装、配件还是彩妆，都能让人感觉到一种抢眼的、近乎妖艳的色彩震撼。时尚界称她为"纽约的魔法师"。她最擅长从纷乱的艺术形态里寻找灵感，作品尽显摇滚乐派的古怪与颓废。在崇尚简约主义的今天，安娜·苏逆潮流而上，设计中充满浓浓的复古色彩和绚丽奢华的气息。安娜·苏的服装华丽却不失实用性，它可以让时尚的都市女性发挥自己的无限创意，随意组合，以展现独特的个性魅力。安娜·苏的时装大胆而略带叛逆，刺绣、花边、烫钻、绣珠、毛皮等一切华丽的装饰主义都集于她的设计之中，形成了她独特的具有巫女般迷幻魔力的风格（图9-41、图9-42）。

2. 马克·雅克布（Marc Jacobs）

创始人：马克·雅克布（Marc Jacobs）

创始时间：1986年

创始地：美国

美国著名的时装设计大师马克·雅克布出生于1963年，1986年首次推出了自己的同名时装系列。马克·雅克布的服装有着一种贵族式的休闲风格，简洁且休闲。他

图9-43　马克·雅克布品牌服装一　　　　图9-44　马克·雅克布品牌服装二

的超凡才华和雅痞风格的设计让众多时尚人士喜爱和追捧。马克·雅克布的设计里更多地注入了本人的"浪人时尚"（Grunge Fashion）的设计哲学。他从小形成的波西米亚浪荡态度、迷恋英伦新浪漫主义的光景、或者喜爱Vivienne Westwood的反叛时尚态度等，都被运用到服装系列中。他成功地将纽约的动力与巴黎的奢华高贵融合，让品牌服装保有一贯的贵族休闲风格（图9-43、图9-44）。

3. 卡尔文·克莱恩（Calvin Klein）

创始人：卡尔文·克莱恩（Calvin Klein）

创始时间：1968年

创始地：美国

卡尔文·克莱恩是美国第一大设计师品牌，该品牌一直坚守完美主义，每一件Calvin Klein时装都非常完美。Calvin Klein体现了十足的纽约生活方式，设计师Calvin Klein在时装界享有盛名，被认为是当今美国时尚的代表人物，他认为今日的美国时尚是现代、极简、舒适、华丽、休闲又不失优雅气息，这也是Calvin Klein的设计哲学。

图9-45　卡尔文·克莱恩品牌服装一

图9-46　卡尔文·克莱恩品牌服装二

Calvin Klein要为活跃于社交和家庭生活并在其中求取平衡的现代女性设计服装（图9-45、图9-46）。

五、其他国家的著名服装品牌

1. ZARA

创始人：阿曼西奥·奥尔特加·高纳（Amancio Ortega Gaona）

创始时间：1975年

创始地：西班牙

1975年设立于西班牙的ZARA，为全球排名第三、西班牙排名第一的服装商，在世界各地56个国家内，设立超过两千多家的服装连锁店。ZARA深受全球时尚青年的喜爱，其品牌宗旨就是让平民拥抱High Fashion。ZARA充分迎合了大众对流行趋势热衷追逐的心态：穿得体面且不会倾家荡产。ZARA的定价略低于商场里的品牌女装，

图9-47　ZARA品牌服装一　　　　　图9-48　ZARA品牌服装二

而它的款式色彩却特别丰富。顾客可以花费不到顶级品牌十分之一的价格，享受到顶级品牌的设计，因为它可以在极短的时间内复制最流行的设计，并且迅速推广到世界各地。ZARA成功的秘密在于旗下拥有超过200名的专业设计师，平均年龄只有25岁，他们随时穿梭于巴黎、米兰、纽约等时装之都的各大秀场，并以最快的速度推出仿真时尚单品。在ZARA总部，由设计专家、市场分析专家及买手组成的专业团队，共同对可能流行的款式、花色、面料进行讨论，并对零售价格及成本迅速达成一致，进而决定是否投产。ZARA的商品从设计、试做、生产到店面销售，平均只花三周时间，最快的只用一周，这就是ZARA品牌成功的秘密（图9-47、图9-48）。

2. H&M

创始人：埃林·佩尔森（Erling Persson）

创始时间：瑞典

创始地：1947

图9-49 H&M品牌服装一　　　　　　　　图9-50　H&M品牌服装二

　　目前，H&M拥有超过1400家专卖店，足迹遍布28个国家。2007年，H&M将目光瞄准了亚洲市场。H&M，是一个将时尚、品质和低价完美糅合的时尚品牌，每年都会选一个炙手可热的顶级大师与之合作的大众品牌，在中国众多服装企业中，已经被看成是教科书一般的榜样品牌。服装行业是一个松散的行业，在每个市场，都会面对来自各方面的竞争，因此，H&M会密切注意竞争对手的一举一动，关注自己内部的运作，竭力使自己的产品成为当地消费者的最爱。H&M时尚年度分为春夏和秋冬两季，采购活动与市场导向相一致，并根据分布在世界各地的销售店提供的数据不断做出调整，使时尚流行的准确性得到最大优化（图9-49、图9-50）。

参考文献

［ 1 ］吴晓菁.服装流行趋势调查与预测［M］.北京：中国纺织出版社,2006.

［ 2 ］张星.服装流行学［M］.北京：中国纺织出版社,2015.

［ 3 ］徐家华.风格与服饰搭配［M］.上海：上海人民美术出版社,2010.

［ 4 ］梦亦非.世界顶级服装设计师TOP2［M］.重庆：重庆大学出版社,2009.

［ 5 ］朱远胜.面料与服装设计［M］.北京：中国纺织出版社,2008.

［ 6 ］李莉婷.色彩预测与服装流行［M］.北京：中国纺织出版社,2007.

［ 7 ］贾荣林,王蕴强.服装品牌广告设计［M］.北京：中国纺织出版社,2010.

［ 8 ］卞向阳.国际服装名牌备忘录（卷一）［M］.上海：东华大学出版社,2007.

［ 9 ］杨颐.服装创意面料设计［M］.上海：东华大学出版社,2011.

［10］吕光.流行色配色万用宝典［M］.北京：电子工业出版社,2010.

［11］王巍.服饰搭配［M］.北京：中国纺织出版社,2011.

［12］谢秀红.服饰图案设计与应用［M］.北京：北京师范大学出版社,2011.

［13］王晓威.从灵感到设计·时装与艺术［M］.北京：中国轻工业出版社,2011.

［14］张晨.时装的觉醒·西方现代服饰史［M］.北京：中国轻工业出版社,2011.

［15］石晶.世界著名品牌常识［M］.长春：吉林人民出版社,2009.

［16］孙运飞,殷广胜.国际服饰（上）［M］.北京：化学工业出版社,2012.

［17］万华,张宏志.新编市场调查与预测［M］.沈阳：东北大学出版社,2011.

［18］要彬,曹寒娟.服饰与时尚［M］.北京：中国时代经济出版社,2010.

［19］冯泽民,赵静.倾听大师：世界100位时装设计师语录［M］.北京：化学工业出版社,2008.

［20］陈彬.国际服装设计作品鉴赏［M］.上海：东华大学出版社,2008.

［21］刘元风.时间与空间：我们离世界服装品牌还有多远［M］.北京：中国纺织出版社,2008.

［22］张玉斌,李鹏,叶轻舟.时间与空间：奢侈品［M］.北京：北京工业大学出版社,2007.

［23］金晶.图说世界300个著名品牌［M］.长春：时代文艺出版社,2012.

［24］孙玥.奢侈男人［M］.哈尔滨：哈尔滨出版社,2010.

［25］吴超.服饰［M］.长春：吉林人民出版社,2009.

［26］沈雷.服装流行预测教程［M］.上海：东华大学出版社,2013.